# ENTRENAR A UN TIGRE

# ENTRENAR A UN TIGRE

## Una guía para forjar un campeón tanto en el golf como en la vida

**EARL WOODS**
Con PETE McDANIEL

Prólogo de TIGER WOODS

Traducción de Daniel Asís

Editor: Jesús Domingo
Coordinación Editorial: Paloma González



Título original: *Training a Tiger*
Publicado por primera vez en USA por
HarperCollins Publishers, Inc.
10 East 53rd Street, New York 10022
© 1997 *by* Earl Woods

© 1997 de la versión española realizada por
  Daniel Asís *by* EDICIONES TUTOR, S. A.,
  Andrés Mellado, 9 - 1º D. 28015 Madrid.
  Telf: (91) 5432172   Fax: (91) 5499653

ISBN: 84-7902-175-6
Depósito legal: M. 20.832-1997
Impreso en Gráficas Huertas, S. A.
Impreso en España-*Printed in Spain*

Esta obra de cariño está dedicada a la persona responsable de la educación y el desarrollo de mis valores personales, mi sentido de la moralidad y mi autovaloración personal: mi madre, Maude Ellen Carter Woods. ¡Qué gran mujer fue! La educaron con una sabiduría muy por delante de su tiempo; sufrió los efectos inhumanos del prejuicio sin sucumbir a la amargura y hostilidad que engendraba en otros. Ayudó a crecer a seis niños con la educación como prioridad, y cuatro de ellos consiguieron títulos universitarios.

Sus consejos eran sencillos:

- "Nunca juzgues a los demás. Ya existe para eso un profesional mejor cualificado que nadie."

- "Completa tu educación. Es algo que nadie podrá quitarte nunca. NUNCA."

- "Tienes que ser mejor que los demás para conseguir que te den la misma oportunidad."

- "Comparte y preocúpate."

- "Y, para terminar, sé siempre una buena persona."

# SUMARIO



## PRIMERA PARTE: PREPARATIVOS



## SEGUNDA PARTE: APRENDER EL *SWING*

## TERCERA PARTE: LO QUE HACE FALTA PARA JUGAR AL GOLF



## CUARTA PARTE: DEJARLES MARCHAR

# AGRADECIMIENTOS

Me gustaría aprovechar esta oportunidad para dar las gracias a Paul Fregia, de Chicago, Illinois, de quien nació la idea de realizar este proyecto. Sin ti, amigo mío, no lo habría completado. Muchas gracias por aquellos "ajustes de actitud" que me hacías, de forma tan sutil, en los días más difíciles.

Y gracias también al inmenso grupo de personas, demasiado numeroso para nombrarlos a todos, que me ayudaron de tantas maneras tan distintas en el crecimiento y el desarrollo de Tiger como golfista y como persona. ¡Todos sabéis a quienes me refiero! Gracias desde el fondo de mi corazón. Siempre apreciaré vuestra ayuda y nunca, nunca, la olvidaré.

# PRÓLOGO, POR TIGER WOODS

Se ha escrito tanto sobre mi desarrollo como golfista que a veces incluso a mí me cuesta distinguir entre qué es ficción y qué realidad. De lo que sí estoy seguro es de que sin el amor, el apoyo y la orientación de mis padres no habría tenido las oportunidades de que he disfrutado en la vida o en el golf. Mi padre dijo algo en una ocasión, durante una entrevista, que creo que resume con exactitud mi relación con él y con mamá. Dijo: "Mi hijo estaba subconscientemente a salvo, sabiendo que, cualesquiera que fueran los parámetros que estableciéramos, podía tener la confianza de contar con el apoyo, fuerte y seguro, de sus padres".

¡Cuánta verdad hay en esa frase! Mis padres han estado detrás de mí desde el principio. Sus consejos me ayudaron en casi todas las decisiones que he tomado. Ellos son mis cimientos.

Me han dicho que mi historia de amor con el golf comenzó antes de que pudiera andar o hablar. Como es lógico, yo no recuerdo estar sentado en mi sillita, en el garaje de casa, viendo a mi padre dar bolas. Lo que sí recuerdo es una fascinación muy temprana por el golf porque mi padre parecía disfrutar tanto jugando. Al echar la vista atrás creo que el golf era para mí un intento aparente de emular a la persona en quien más me fijaba: mi padre.

Como comencé a jugar a una edad tan temprana, mi padre tuvo que aplicar en mí técnicas e ideas de enseñanza especiales y muy creativas. Estas fórmulas le permitieron enseñarme los fundamentos del juego haciéndolo siempre divertido, competitivo, sencillo y desafiante. Él dice que yo era muy despierto para mi edad, y también que tenía una gran ansia por aprender todo lo posible sobre el juego que le había cautivado. Recuerdo el ritual diario que llevaba a cabo cuando era niño: Telefoneaba a papá al trabajo para preguntarle si me dejaba ir a practicar con él; él siempre se lo pensaba durante uno o dos segundos –manteniéndome en suspense–, pero siempre decía que sí. Luego mamá me llevaba al campo de golf y allí me reunía con papá para practicar. Era su manera de enseñarme a tomar la iniciativa. Él nunca me empujaba a practicar ni a jugar. Siempre que practicaba o jugaba era idea mía. Él me ayudaba a desarrollar mi deseo de mejorar, pero su papel –y también el de mi madre– era el de apoyarme y orientarme, nunca el de interferir, aunque fuera con buena intención.

Después de reunirme con mi padre, íbamos directamente a la zona de *chipping* y *pitch* a tirar bolas. Os podéis imaginar que aquello era como un campo de prácticas para mí, porque aún no podía llegar muy lejos con mis golpes. Por fortuna mis horizontes se han expandido desde entonces.

Después de dar bolas, papá y yo íbamos al *putting-green*, donde competíamos durante dos horas como viejos rivales. Lo pasábamos de maravilla haciendo todo tipo de juegos. Yo sabía que no estaba al mismo nivel que él golpeando a la bola, pero también sabía que lo podía compensar pateando. Él jura que me dejó ganar algunas veces, pero yo creo que muchas de aquellas competiciones se las gané limpiamente. Una de mis costumbres favoritas era la visita al hoyo 19 después de prácticas. Los dos pedíamos "lo de siempre": para mí una Coca con cerezas; papá prefería algo más fuerte.

Lo mejor de aquellas sesiones de prácticas era que papá las hacía siempre divertidas. Es sorprendente lo mucho que se aprende cuando uno disfruta de verdad haciendo algo. El golf ha sido siempre para mí una actividad de cariño y de placer, aunque a veces la impaciencia me hacía perder los nervios. Cuando sucedía eso, papá me recordaba lo importante que es prepararse para los retos de la vida de manera que uno los afronte con confianza. Él utilizaba el golf para enseñarme paciencia, integridad, honestidad y humildad. No siempre estábamos de acuerdo, pero él siempre me animaba para que yo diera mi opinión. Y cuando me decía: "Hijo, sólo obtendrás de cada cosa tanto como hagas por conseguirla", yo entendía perfectamente lo que quería decir: que nadie te va a dar nada en la vida a menos que trabajes duro y te dejes el trasero, y tal vez incluso entonces no encuentres caridad que te ayude. Él me ayudo a establecer pronto mi ética de trabajo, y por ese motivo le estaré agradecido siempre.

Espero que vosotros podáis encontrar la forma de dar a vuestro hijo o hija lo mismo que mi padre me ha dado a través de este juego maravilloso. Utilizadlo como vehículo para enseñarles cosas sobre la vida. Gracias, mamá y papá, por vuestras lecciones, que me siguen ayudando.

# INTRODUCCIÓN

Mi padre estaba chiflado por el béisbol. Se sabía los nombres, los promedios de bateo y las estadísticas de lanzamientos de la mayoría de los jugadores de la liga, pero estaba especialmente orgulloso de sus héroes de las Ligas Negras. Y compartió ese cariño conmigo, el menor de sus seis hijos. Así que cuando se corrió la voz de que los Homestead Grays iban a venir a Manhattan, en su gira por las granjas de Kansas, ni siquiera los caballos salvajes habrían podido impedir que yo fuera a verlos jugar.

Me introdujeron en el gran pasatiempo americano a una edad muy temprana. Mi padre solía colocar aquellos grandes números negros en el marcador del estadio municipal, y yo era el niño que recogía los bates cuando los equipos negros venían a la ciudad. Cuando cumplí trece años, ya había sido considerado varias veces entre los mejores del estado en las ligas infantiles. También en mi primer año en la liga American Legion me consideraron como el mejor *catcher* del Estado: el primer negro que conseguía ese honor en Kansas.

Mi brazo era como un cañón y yo siempre estaba deseando lucirlo. Mi oportunidad llegó aquel día polvoriento de verano en que los Grays, con sus uniformes abombados, se enfrentaron a la tropa de barbudos del House of David.

Mi ídolo era el *catcher* Roy Campanella. Era capaz de hacer el lanzamiento más rápido a segunda base que yo había visto nunca, incluso arrodillado. Os podéis imaginar su reacción el día en que yo, un descarado jovencito de pueblo, me acerqué a él con calma y le fanfarroneé que con mi brazo de Primera División podía hacer lo mismo. Por suerte no se deshizo en carcajadas. Me miró con un poco de escepticismo e, indulgente, me prestó su guante y me permitió que calentara al gran lanzador Satchel Paige.

Le dije a "Campy" que le pidiera a "Satch" que se agachara en el último lanzamiento, porque mi bola iba a pasar a través de su pecho. Él se rió, pero hizo lo que yo le pedía, y cuando "Satch" lanzó, yo devolví la pelota contra su pecho. El defensor de segunda base se quedó parado y cogió la bola a la altura del tobillo. Cuando me acerqué a "Campy" a devolverle el guante, me dijo: "Chico, sí que tienes un brazo de Primera División".

Mi padre no estaba allí para verlo. Había muerto dos años antes. Pero sé que se estaría sonriendo en el más allá. Aunque su sonrisa se borraría probablemente algunos años más tarde, cuando el hijo que él siempre había querido que fuera jugador de béisbol eligió el camino de la enseñanza.

Así que, como veis, mi primer amor fue el béisbol, no el golf. Mi adoración hacia el juego que se ha convertido en parte de mi vida no llegó hasta varios años más tarde. Mi preparación comenzó con el deseo que me había inculcado mi madre, Maude, de competir al más alto nivel. Ella tenía un título universitario, pero nunca consiguió un trabajo en el sistema escolar, y se dedicó a trabajar como doncella para gente que no estaba tan educada. Ella sabía que el camino hacia el éxito estaba en la educación, e insistió en que mi hermano, mis hermanas y yo siguiéramos ese camino. Solía decirnos: "Si queréis tener la misma oportunidad que los demás, tendréis que ser mejores que ellos". Mamá murió cuando yo tenía trece años, y mi hermana mayor, Hattie, se ocupó de mí. Pero nunca olvidé las lecciones de mamá sobre la vida, y las llevé conmigo a la Universidad de Kansas State cuando me concedieron una beca como jugador de béisbol.

Al terminar mi primer año, tuve que enfrentarme a una decisión importante cuando los Monarchs de Kansas City, de la Liga de Negros, me ofrecieron un contrato para jugar con ellos. Aquella noche, dándole vueltas en mi cabeza, pude escuchar la voz de mi madre diciendo: "Hijo, termina tu educación; eso es algo que nadie podrá arrebatarte nunca"; y la de mi padre que decía: "Hijo, quiero que seas un Monarch de Kansas City"; y de nuevo mi madre: "Termina tu educación, hijo, ¿me oyes?". En fin, mi madre ganó y yo nunca me arrepentí de la decisión. Continué jugando en la liga universitaria, en la que era el único jugador negro en la división de los Ocho Grandes.

Durante aquellos años inicié mi segunda profesión: la enseñanza. Mi forma de devolver algo a las ligas infantiles, que habían sido muy importantes en mi desarrollo como uno de sus mejores *catcher*, fue seleccionar un equipo con los mejores jugadores y llevarlos al campeonato estatal. Trabajar con niños fue una experiencia muy interesante y satisfactoria, de la que aprendí a tener paciencia. Ayudar a formar a niños, verles triunfar y educarles para superar el fracaso es algo que nunca olvidaré. Enseñar era completamente natural para mí, tal vez como consecuencia de mis años de formación bajo la atenta mirada de mi madre y de mis hermanas. Así que, después de mi graduación y de jugar durante un verano con un equipo semiprofesional, me dediqué a ello.

Más tarde me enrolé en el Ejército, y allí trabajé como profesor de chicos jóvenes en todo tipo de materias y proyectos. Mi asociación con los jóvenes cadetes se hizo más próxima y personal mientras enseñaba en el City College de Nueva York. Venían a mis clases con tanto entusiasmo que muchos solicitaron permiso para que sus novias pudieran compartir la experiencia de aprender historia militar, tácticas y juegos de guerra. Yo les daba el permiso y creo que aquellas jóvenes, que participaban también en la discusión, se beneficiaban de la enseñanza. Al terminar el curso mis cadetes me dieron una placa de plata que decía: PARA EL SEÑOR, CON CARIÑO.

Al fin y al cabo me encanta la enseñanza, entregar esa parte de mí, compartir con otros mis conocimientos y experiencias, porque creo que puedo comunicar las lecciones que he aprendido. Y es reconfortante ver encenderse la bombilla en un alumno, cuando comprende de qué estoy hablando. Es una luz que he visto encenderse muchas veces en mi propio hijo, y que espero que vosotros veáis también en los vuestros cuando les enseñéis el juego del golf.

Por supuesto, mi educación continuó en el Ejército. Aprendí lo que era la disciplina y vi reforzarse las teorías de mi padre sobre el trabajo en equipo. También vi mundo, y en mis dos viajes a Vietnam como Boina Verde pude ver la muerte de cara más de una vez. También conocí y combatí junto a un oficial de Vietnam, de quien tomé el nombre para Tiger, el Teniente Coronel Nguyen T. Phong. Algunos años antes yo había trabajado como oficial de información, y en una de aquellas tareas informativas conocí a la madre de Tiger, Kultida. Yo había tenido tres hijos en un matrimonio anterior y no tenía demasiadas ganas de embarcarme en una relación nueva, pero me deje guiar por mi corazón y eso me dio una nueva oportunidad no sólo de alcanzar la felicidad, sino también, más tarde, otro hijo.

Mirando hacia atrás creo que todas mis experiencias deben haber estado guiadas por Dios. La forma en que me preparó para la misión de orientar a este nuevo ser que venía, incluso el hecho de que yo hubiera tenido antes tres niños fue como decirme: "Te voy a dar un período de prueba. Te dejaré tener algunos niños para ver cómo los manejas. Pero deberás ser capaz de hacerlo todo. Quiero que sepas lo difícil que es porque quiero lo mejor para Tiger". Y así lo hice. Todos mis años como profesor, compartiendo las cosas y preocupándome por otros, me ayudaron a prepararme para enseñar a Tiger. Fue como una bendición, pero, con franqueza, cuando Tiger era un niño pequeño, yo solía preguntarme: "¿Por qué yo? ¿Qué he hecho para merecer este niño tan hermoso y tan especial?". Nunca he escuchado la respuesta, así que supongo que estoy haciendo el trabajo lo suficientemente bien, porque si Dios estuviera decepcionado conmigo probablemente me lo hubiera hecho saber ya, y yo no estaría escribiendo este libro para vosotros.

Ya he relatado muchas veces cómo me introduje en el golf. Y juro que es verdad. Tenía 42 años y era teniente coronel en Fort Hamilton, en Brooklyn, Nueva York. Un compañero oficial me invitó a jugar un día con él. Era un chico del Sur que creció haciendo de *caddie* para su padre, que era profesional (una rareza entre los negros en aquellos días). Este presuntuoso y supuesto "amigo" me provocó para jugar un partido. Sabía mi reputación como competidor y se aprovechó de eso. Yo nunca había cogido un palo, pero quería responder al reto. Como yo no tenía palos, mi amigo me dejó uno de sus hierros y, en cuanto nos alejamos de la vista del *starter*, me enseñó a golpear a la bola. Di un golpe con todas mis fuerzas que apenas movió la bola, pero que retumbó hasta China. Sus carcajadas se podían oír tres calles más allá. Poco a poco fui mejorando durante el resto del recorrido. Hice 92 golpes en 17 hoyos y me di cuenta de que en este juego había algo más que pegarle a la bola. Mientras, mi amigo estaba encantado de contar la paliza que me había dado a todo aquel que quisiera escucharle. Pero yo no sólo estaba frustrado e intrigado por este nuevo juego, sino también dispuesto a mejorar más de prisa de lo que nadie había hecho nunca para ganar a mi amigo. Era una cuestión de orgullo.

Sólo había un problema: mi amigo se retiraría del Ejército en seis semanas. Aquello no me dejaba mucho tiempo, pero trabajé con diligencia en mi juego, casi siempre en secreto. Tres días antes de que se retirara, le devolví el reto. Organizamos el partido en Fort Dix, New Jersey, y yo me traje otro amigo como marcador oficial. No sólo conseguí ganarle, lo cual le dejó atontado e incrédulo, sino que durante mi preparación para el partido me había convertido en un adicto del golf.

Decidí que si volvía a tener otro hijo le introduciría en el golf antes de lo que yo había tenido oportunidad. Y entonces llegó Tiger. En la época en que nació Tiger yo era casi un jugador *scratch*. Así que el plan de Dios ya estaba en marcha. Él me había entrenado adecuadamente y yo estaba preparado. Decidí romper moldes enseñando a Tiger a una edad increíblemente temprana, y desarrollé técnicas de enseñanza que fueran fáciles de entender para él.

El Todopoderoso me encomendó este niño tan precoz. Él orquesta todo este escenario y tiene un plan para que Tiger tenga un gran impacto en todo el mundo. No sé qué plan es, pero creo sinceramente que, espiritual y humanitariamente, va a trascender el juego del golf.

Cualquier padre tendrá que pasar por toda la gama de alegrías, decepciones, intentos y tribulaciones al educar a sus hijos normales. La clave está en desarrollar lazos muy fuertes con los niños; en enseñarles a hacer las cosas de forma eficaz. El golf es un vehículo excelente para alcanzar esos objetivos. Si vosotros, como padres, podéis enseñar a vuestros hijos a amar y a respetar el juego del golf, será inevitable que aprendan todas esas lecciones asociadas con la vida. Este libro es mi manera de devolver algo a un juego que me ha dado tanto. Creo que si vosotros os aprovecháis de lo que yo he aprendido, y aplicáis estas lecciones a vuestros hijos, puede que no creéis un campeón de golf, pero sí una persona mejor, una persona capaz de enfrentarse a los retos de la vida con confianza, y eso es lo mejor que nos puede pasar a los padres. El resto depende de ellos.

EARL WOODS
Enero de 1997.

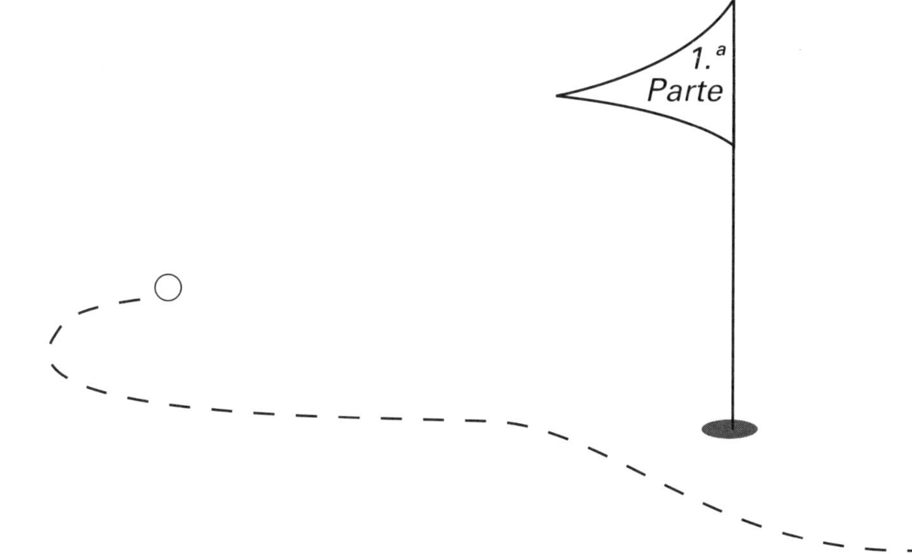


# Preparativos

# DESARROLLAR UNA RELACIÓN

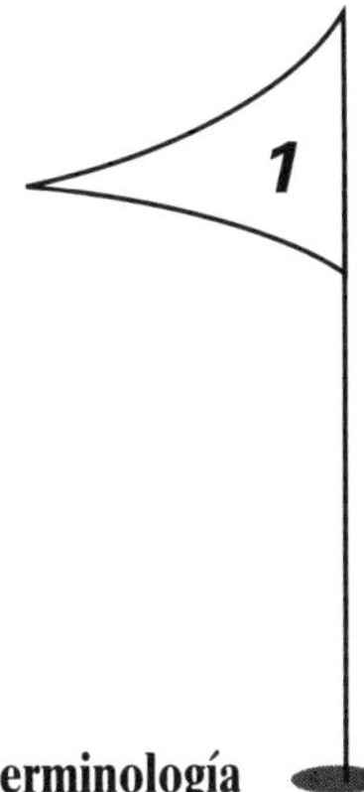

○ **Confianza, respeto, comunicación, relación, verdad, terminología**

Desarrollar una relación con vuestro hijo basada en el cariño y en el respeto es un requisito indispensable para alimentar su curiosidad natural. Un entorno adecuado promueve la confianza y pavimenta el camino hacia la comunicación, que es la base del aprendizaje. Todo comienza con el deseo de los padres por hacer que la vida del niño sea mejor, e incrementar sus posibilidades de éxito en la vida. Lo que el padre debe decirse es: "Quiero que mi hijo lo tenga más fácil y mejor que yo. Quiero que mi hijo tenga más oportunidades y más apoyo. Quiero que mi hijo esté mejor preparado para manejarse en la vida de lo que yo lo estuve. Quiero que mi hijo tenga más éxito. Quiero que mi hijo vea premiado su esfuerzo".  La relación entre los padres y el niño debe estar construida sobre los cimientos del respeto mutuo. Para eso

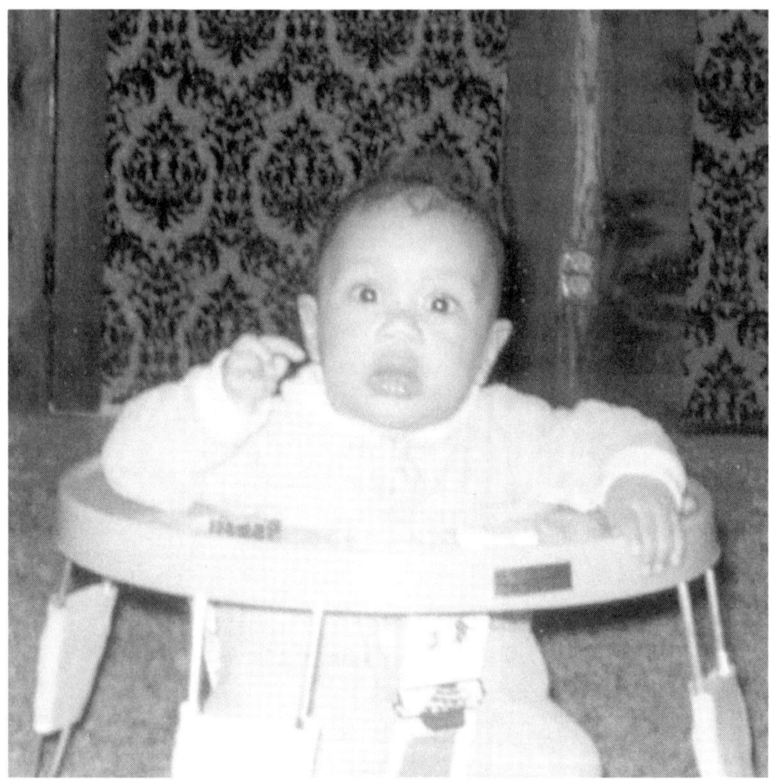

*Todo comenzó aquí.*

el padre debe entender que el amor se da, y el respeto se gana. Los padres deben empezar a ganarse el respeto tan pronto como sea posible. Demostrad al niño que os preocupáis por él, que seréis para él un apoyo tan fuerte como un roble. Aconsejadle sólo cuando sea necesario. Reíd y llorad con vuestro niño. Sobre todo, sed constantes. Un niño puede venirse abajo por los cambios de criterio. El respeto que os ganéis de vuestro hijo debe ser recíproco. Es parte del proceso de aprendizaje. Cuando uno se da cuenta de eso, descubre que su niño entiende y comprende cosas que vosotros pensabais que tal vez no comprendía. Las cosas funcionan. La vida es bella.

Alentadle. Nunca le diréis a un niño suficientes veces que le queréis. Los padres deben tomar la determinación desde el primer momento de ser generosos, responsables, y de poner al niño por encima de todo.

Cuando Tiger vino a casa por primera vez, a los cinco días de edad, hice dos cosas: yo quería que la primera música que escuchara fuera *jazz,* así que encendí el equipo de música a todo volumen y cuando escuchó aquella música sonrió. Así establecí mi sello personal en su mente, al menos en cuanto a preferencias musicales. Por supuesto, años más tarde sucumbió a la locura del *rap.* Al "chun-ta-chún" que casi nos

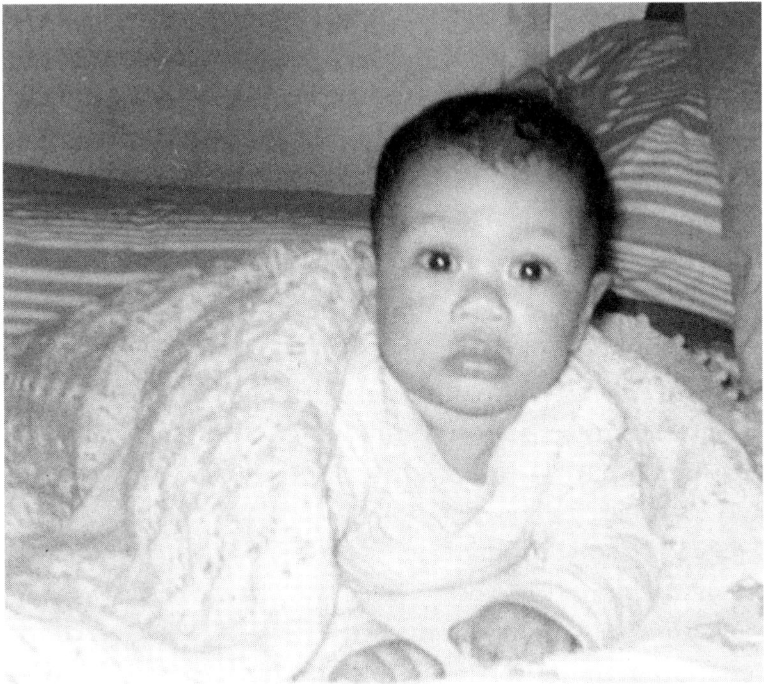

*Tiger, con los ojos muy abiertos, a la espera de recibir su primer palo de golf.*

vuelve locos a su madre y a mí. Desde entonces ha vuelto un poco a sus raíces y hemos compartido juntos muchas tardes disfrutando del *jazz*.

*Disfrutando de un día en el parque con mamá y con Toba.*

También le hablaba mientras estaba tumbado en su cuna y acariciaba su mejilla izquierda con mi dedo índice. Le decía: "Papá te quiere. Estoy aquí para ti. Eres mi hombrecito. Papá está muy orgulloso de ti. Quiero que seas feliz"; las mismas palabras de cariño que utilizan la mayoría de los padres. Cuando él estaba dormido, yo me acercaba a su cuna y le acariciaba la mejilla, y él sonreía. Él sabía que era yo. Lo sabrá durante el resto de su vida.

Cuando Tiger se hizo mayor, establecí una especie de política de puertas abiertas entre nosotros, de manera que cuando él quisiera hablarme yo dejaría cualquier otra cosa:

la televisión, la música o el trabajo. Nos íbamos a otra habitación y hablábamos, no sobre lo que yo quisiera hablar, sino sobre lo que él quería hablar. Cualquiera que fuera el tema lo discutíamos hasta que él sacaba otro, y cuando yo no conocía las respuestas a las preguntas de mi pequeño inquisidor, era honesto y admitía que no lo sabía. Establecí la importancia de la credibilidad y el respeto. También le prometía que intentaría encontrar la respuesta, y la mayor parte de las veces lo conseguía.

Los padres deberían encontrar tiempo para pasarlo con los niños. No siempre es fácil en este época en la que se necesitan dos sueldos, pero creo que el tiempo es consecuencia de los deseos y las prioridades de cada uno. Si vuestra prioridad es vuestro niño, entonces encontraréis tiempo para él. Y será tiempo de gran calidad. Porque el niño sabe la diferencia entre las respuestas meditadas y las dadas a voleo. Uno debe ser consciente siempre de transmitir al niño que os preocupáis por él. Ofrecedle orientación y consejos en pequeñas dosis al principio, pero siempre de forma imparcial y compasiva.

Esta labor de aprendizaje mediante el golf debe ser una tarea de cooperación, soportada por igual entre el marido y la esposa. Los dos deben tener los mismos deseos y aspiraciones para su niño. Es un esfuerzo de equipo. Uno no puede ser contrario a los deseos del otro. Nosotros establecimos muy pronto que Tiger sería la prioridad principal en nuestra relación desde aquel momento; que Tida se quedaría en casa y educaría a Tiger, y que yo, como me había retirado hacía poco del servicio militar buscaría un trabajo y aportaría el sueldo. Decidimos que siempre seríamos sinceros y coherentes, y que así estableceríamos los parámetros de conducta y de actuación de Tiger.

El amor incondicional es de vital importancia en las primeras etapas del desarrollo de un niño. Desde esa aceptación total del "Te quiero, siempre estaré ahí para ti", desde este recordatorio constante Tiger floreció como una flor preciosa en primavera.

Algunos de vosotros encontraréis actitudes rebeldes en vuestros hijos. La rebelión es la forma en que ellos reafirman su independencia. Reconocer y aceptar esto permite reorientar esas reacciones hacia experiencias positivas sin arrancar a vuestro hijo su orgullo. Manteneos firmes y en vuestra posición de padres. Conocer los límites os proporcionará un sentido de seguridad incluso cuando él embista vuestras estructuras. Un niño con personalidad fuerte os estará poniendo a prueba siempre para ver hasta dónde puede llegar con un comportamiento negativo. Recordadle con dulzura, pero con firmeza, que esa forma de actuar dará lugar a una respuesta negativa vuestra, pero que siempre contará con vuestro cariño para protegerle.

Una de las principales contribuciones de Tida fue establecer que el colegio sería prioritario sobre el golf y sobre cualquier otra actividad. Ella insistía en que Tiger terminara sus deberes antes de ir a jugar con sus amigos, o de venir a practicar conmigo o de jugar una competición. Tida creía, al estilo de mi propia madre, que educar la mente era el camino hacia el éxito. Le decía a Tiger que no existe ninguna garantía de que uno vaya a tener éxito en el golf, pero que con una mente educada sí podría tener éxito en los negocios y, más importante aún, éxito en la vida. "Siempre debes tener algo en lo que poder apoyarte si das marcha atrás. Puede que tengas un lesión, puede que caigas enfermo, pero con una buena educación puedes contribuir a la sociedad", le decía.

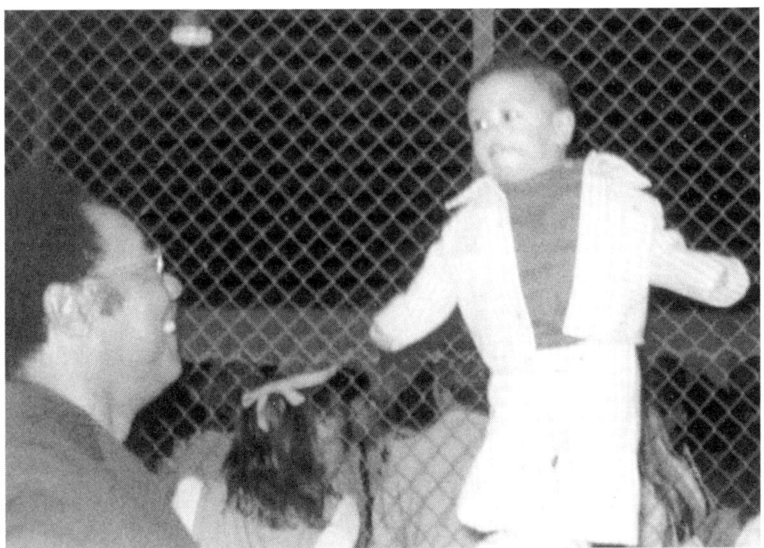

*A los cinco meses, demostrando su equilibrio.*

Tiger es el único hijo de Tida. Ella solía preguntarme: "¿Cómo debo actuar? ¿Cómo debo tratar a mi hijo". Yo la decía: "Sigue tu instinto, y sé tú misma. Si cometes errores, serán errores honestos, y yo estaré siempre a tu lado para ayudarte". En mi opinión, y estoy seguro que también en opinión de Tiger, Tida ha cometido muy pocos errores.

Sus métodos de enseñanza no eran siempre ortodoxos, pero eran eficaces. Cuando Tiger sólo sabía gatear, ella le enseñó las tablas de sumar y de multiplicar en cartulinas de 8 × 12 centímetros, y le hacía practicarlas una y otra vez todos los días. Empezaron con las sumas y luego avanzaron hacia la multiplicación a medida que Tiger se hacía mayor. La recompensa era siempre pasar la tarde en el campo de prácticas conmigo. Tida estableció de manera irrevocable que la educación era prioritaria sobre el golf.

Es posible que os preguntéis si es necesario todo este cuidado en su educación. Yo creo que sí, si vuestro objetivo es desarrollar una relación fuerte y duradera con vuestro niño; una relación basada en la verdad y en la comunicación. Vosotros, como padres, tenéis mucho que aprender, no sólo sobre vuestro niño, sino sobre vosotros mismos.

Yo he descubierto que, en mi vida, siempre que he dado y

*La celebración de las Navidades, con su primer palo, cinco días antes de su primer cumpleaños.*

compartido con los demás, he terminado ayudándome a mí mismo. Lograba entender mejor quién soy y, como resultado de ello, mi vida mejoraba.

Las cosas no van siempre rodadas. Tienes que dejar espacio para el desacuerdo. Yo siempre animé a Tiger a poner en duda lo que yo decía, y si descubría que yo estaba equivocado, que me lo dijera para que yo también pudiera aprender. De esta forma los padres podemos aprender también de los niños. No son muchos los niños a los que se les da esa oportunidad, porque la mayoría de los padres no quieren mostrarse vulnerables, y sin embargo será difícil que os encontréis más expuestos de lo que me encontraba yo con Tiger durante algunas de nuestras primeras salidas al campo de golf.

Él tenía dieciocho meses y no sabía contar más que hasta cinco, pero intuitivamente distinguía un par-5 de un par-4 y de un par-3. Él llevaba la cuenta no sólo de sus golpes, sino también de los míos. Me decía: "Papi, has hecho un doble *bogey*". Un doble *bogey* eran seis golpes y él no sabía contar más que hasta cinco. Era sorprendente. Él se fijaba en cuántos golpes necesitaba para llegar hasta el *green*, y cuantos necesitaba para meter luego la bola en el hoyo. Luego sumaba de alguna manera las dos cantidades en su cabeza y

*¡Sí! La metí.*

salía con una frase o un número; y no era un "seis", o un "siete", sino un "doble *bogey*" o un "triple *bogey*". Así que, como veis, me era muy difícil camuflar mis resultados; al menos con Tiger cerca.

Una de las cosas más difíciles que tuve que enseñar a Tiger fue la necesidad de desarrollar una rutina o procedimiento previo al golpe. En el Ejército lo llamábamos Procedimiento Standard de Operaciones (PSO). Significa que cada vez que quieras convertir algo en una rutina le estableces un PSO. Así no tienes que volver a inventar la rueda cada vez. Se convierte en algo automático y mecánico, y por tanto más eficaz.

Los PSO están basados en la técnica de problema-solución. El problema era conseguir que Tiger comprendiera que en el golf cada golpe empieza desde detrás de la bola. Sólo desde esa posición se puede visualizar el golpe y planear la ejecución adecuada. La solución era desarrollar un procedimiento adecuado de manera que Tiger pudiera actuar bajo presión con la misma eficacia con que lo hacía sin presión. Así que utilicé el enfoque PSO para establecer una rutina previa al golpe. A él no le gustaba la idea de que todos los golpes empezaran desde detrás de la bola, y tuvimos alguna pequeña discusión sobre ello, hasta que le pregunté: "¿No es cierto que todos los golpes deben tener un objetivo?"; él me contestó: "Sí"; y yo continué: "¿Y qué mejor manera de determinar el objetivo que situarse detrás de la bola para buscarlo?".

"Papi, tienes razón", me dijo con sus tres años. "Es una buena idea." Y así implantamos la rutina previa al golpe.

Luego le enseñé cómo debía repasar mentalmente todas las condiciones que podían afectar al golpe. No creo que un niño normal de tres años pudiera comprender lo que yo intentaba enseñarle, pero Tiger no era un niño normal. Lo hicimos mediante preguntas y respuestas. Yo le preguntaba: "¿Qué necesitas saber antes de golpear a la bola?"

Él me respondía: "A qué distancia quiero llegar".

Yo le preguntaba: "¿Y qué más?".

"Creo que el *ava*", me contestaba.

"Sí", le decía yo, "el *ava* es una de ellas".

"Y también... ¿la *adena*?", decía él.

"Sí, también la *adena*", decía yo. "Pero hay otras cosas."

"Si mi bola está en una chuleta", decía Tiger.

"Eso se llama *colocación* de la bola. Sí, ésa es otra. Pero ¿que hay de...?", y entonces yo soplaba  haciendo un ruido muy fuerte.

"¡Ah!, el viento, papi, el viento", decía abriendo mucho los ojos, como si hubiera hecho un descubrimiento.

Lo convertimos en un juego maravilloso y así repasábamos todos los elementos que había que tener en cuenta antes de seleccionar un palo y completar su rutina previa al golpe. También desarrolló una rutina similar para el *pat*.

Por fin Tiger aceptó la necesidad de un rutina preestablecida, y aún utiliza la misma que yo le enseñé hace tantos años. Yo también tengo una rutina para mí, diferente pero con la misma función. La aprendimos juntos. En aquellos momentos se producía una metamorfosis en la que, de repente, nos convertíamos en amigos, no sólo padre e hijo. Estoy seguro de que estaréis de acuerdo en que no hay nada tan importante hoy en el mundo como tener un amigo; en especial cuando ese amigo es vuestro hijo.

# CUÁNDO EMPEZAR

○ **Planificación, integridad, responsabilidad, paciencia, frustración, manejo, éxito/fracaso, trabajo duro**

Para conseguir que un atleta practique un deporte de forma instintiva debe comenzar su proceso de aprendizaje lo suficientemente temprano, de manera que asimile el juego y lo grabe en su subconsciente. Por ejemplo, ¿cuándo dan los padres a sus hijos su primer guante y su primera bola de béisbol? La mayoría de las veces es cuando están en la cuna, y el niño crece sabiendo de manera instintiva cómo lanzar una bola y cómo cogerla. Mi objetivo fue aplicar el mismo enfoque al golf. Quería que Tiger creciera con la sensación de que hacer un *swing* era tan natural para él como para otros niños lo era el lanzar una bola de béisbol.

No existe ningún patrón estándar sobre cuándo empezar a enseñar a un niño. Depende de muchos factores, uno de los cuales es la sensación de los padres sobre cuándo está preparado el niño; no sobre cuándo está preparado el padre. Después de todo, ¿quién conoce a un niño mejor que sus padres? Casi todo depende de la madurez del niño y de su receptividad a nuevas aventuras. Si hay más de un niño en la familia resulta más sencillo porque se les puede enseñar a los dos al mismo tiempo. No os sorprendáis si el hermano pequeño aprende más de prisa: el mayor es como un miniprofesor que le enseña lo que ha aprendido de ti o de otras fuentes.

Los niños aprenden observando e imitando. Tiger solía

*El entrenamiento también incluye el juego de* bunker, *incluso a los dos años y ocho meses.*

quedarse sentado en su sillita observándome mientras yo "tiraba" bolas contra una red en mi garaje. Antes de darse cuenta, ya estaba imitando mi *swing* de golf.

Permitid que la curiosidad natural del niño se manifieste y tome control. Es posible que haya algún palo de golf por la

*Mamá coloca la bola sobre el* tee *en el campo de prácticas del club de la Marina. Tiger tenía dos años y siete meses.*

*A los tres años de edad.*

casa, y que el niño lo coja y empiece a jugar con él  intentando averiguar para qué sirve. Tal vez el niño se acerque a
vosotros y os pregunte para qué sirve. Esa es la oportunidad
para que el niño empiece a introducirse en el juego.

La imposición arbitraria del juego es una garantía para
conseguir resultados negativos. Debería ser un momento
emocionante, un momento de deseo y de cooperación: no
sólo estáis enseñando a vuestro hijo a jugar al golf, también
le vais a enseñar vuestros valores sociales, vuestras costumbres y tradiciones. Reconozcámoslo: el niño está aprendiendo sobre la vida. Del golf se desprende integridad, responsabilidad y paciencia. El golf desarrolla la personalidad,
y el interés del niño puede comenzar colocando en su cuna
un palo y una pelota de plástico. Los bebés aprenden muy de

prisa. Asociarán el palo con la bola y jugarán a golpearla. Aprenderán la estructura y los elementos básicos del juego sin ninguna influencia externa.

Lo ideal sería que el niño se os acercara y os dijera: "Acabo de ver golf en la televisión y me encantaría aprender a jugarlo". Eso sería lo ideal, y abriría un diálogo sobre el juego, pero no sucede muy a menudo; así que los padres interesados en enseñar el golf a sus hijos deben ser creativos y, al mismo tiempo, prácticos.

Para los padres que ya jugáis al golf sólo es positivo practicar delante de los niños si tenéis un buen *swing*; no es bueno que los niños aprendan malos hábitos que son difíciles de corregir. Lo que sí es bueno es que aprendan vuestro entusiasmo y vuestro cariño hacia este juego; que aprendan lo divertido que es golpear a la bola. Ellos se aferrarán a ese entusiasmo en seguida y querrán compartirlo: "Por favor, ¿puedo dar una?", os dirán. Si les dejáis, no les permitáis dar demasiadas; dejadles siempre con ganas de dar más.

Si os preocupa cómo mantener la atención del niño, la respuesta es hacer el golf interesante y divertido, crear un ambiente de golf atractivo y estimulante mediante el uso de la astucia y la imaginación. Ese es el reto y el disfrute más puro de ser un buen padre. Os encantará.

Yo tuve mucha suerte. A Tiger le encantó el golf de inmediato. Como me sucedió a mí, sintió una chifladura instantánea por el golf. Cuando tenía dos años se aprendió de memoria el número de teléfono de mi trabajo y me llamaba todas las tardes para preguntarme: "Papi, ¿puedo ir a practicar contigo?"

Yo hacía una pausa para que pensara que tal vez le fuera a decir que no, y entonces le decía: "De acuerdo".

Él me contestaba: "Vale, te veré en el campo de golf. Le

diré a mamá que me lleve". Tiger llegaba siempre muy entusiasmado al campo de golf porque creía que me había "sacado" algo. Además sólo se ganaba el derecho a venir conmigo si completaba "su" ritual diario: hacer las sumas, las restas y la multiplicaciones con mamá, antes de que ella le dejara llamarme. En el club yo nunca le dejaba que se cansara, y mantenía nuestro juego estimulante, competitivo y divertido.

Uno de los mayores obstáculos a superar cuando enseñéis a vuestro hijo a jugar al golf es la frustración. La mayoría de los niños pierden la ilusión cuando no dominan pronto algo. En el golf, como en la vida, no existen recompensas inmediatas. Tenéis que demostrarle que vosotros tampoco habéis conseguido dominar el juego –de hecho, nadie lo ha conseguido–, pero que todavía lo jugáis y disfrutáis jugando. Incluso trabajáis muy duro para intentar mejorar. Esta situación supone una oportunidad muy buena para ilustrar una de las lecciones de la vida: No se alcanza el éxito siempre que se intenta algo nuevo, pero si continúas intentando mejorar sabrás al menos que hiciste todo lo posible. Nunca menciones la palabra fracaso. Acentuad siempre lo positivo. Decidle: "Me gusta cómo haces el *swing*. Dentro de poco mandarás la bola a un kilómetro". Combinar los refuerzos positivos con el énfasis en la necesidad de practicar son una garantía de éxito. Cuando la gente le preguntaba a Tiger por qué era tan bueno, él sonreía siempre y decía: "Porque practico, practico y practico, ooooh". No sé de dónde se sacaba esa coletilla "ooooh", pero siempre la decía.

Algunas veces el niño pierde el interés por el golf, por muy buenas que sean vuestras intenciones. No os desesperéis. Esta indiferencia es más frecuente de lo que pensáis, y la mejor forma de compensarla es involucraros vosotros en el deporte por el que él se interese. Buscad la forma de enseñarle lo que deseáis de la vida a través de ese deporte. Apoyadle siempre, pero nunca cerréis la puerta al golf; mantened abiertas las opciones del niño y mencionadle de vez en cuando cuánto os divertís jugando al golf. Invitad al niño a que vaya a practicar con vosotros, pero no le insistáis.

*A los tres años y ocho meses.*

Hablad abiertamente sobre las peculiaridades del golf y relacionarlas con el juego que interese a vuestro hijo, como por ejemplo: "Ya sé que te divierte tirar a canasta porque es muy divertido. Cuando yo era pequeño también tiraba mucho a canasta, pero no lo hacía demasiado bien. Sólo metía una canasta de cada diez, e incluso ahora sólo meto un *pat* de cada cinco, pero cuando lo meto me gusta tanto como un tiro en suspensión de siete metros". Haced comparacio-

*A los cinco años: el* swing *mejora con la edad.*

nes que resulten fáciles de asociar para el niño. Mientras tanto estaréis plantando la semilla; alimentadla y dejadla crecer. En el peor de los casos, con el tiempo el niño conocerá y comprenderá mejor vuestro juego, y vosotros conoceréis  y comprenderéis mejor el suyo. Puede que pasen varios años antes de que vuestro hijo se interese por el golf. Es algo que no se puede forzar y todo lo que se puede hacer es dejar la puerta abierta. Yo atravesé esa puerta a los 42 años de edad, así que siempre hay esperanza para todo el mundo.

# CÓMO TRABAJAR JUNTOS

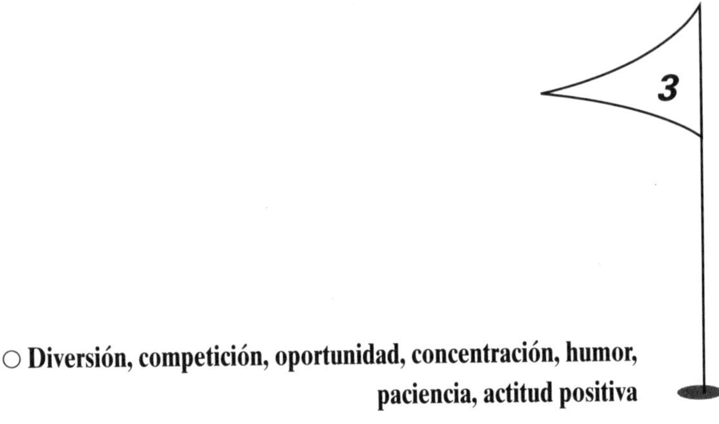

○ **Diversión, competición, oportunidad, concentración, humor, paciencia, actitud positiva**

Lo ideal sería que vuestro hijo se os acercara como hacía Tiger conmigo y os dijera: "Papá, ¿puedo practicar contigo hoy?". Pero eso no es lo que sucede en todas las casas, y debéis tener cuidado con que el niño no perciba que se le está obligando a hacer algo. Haced creer al niño que jugar al golf es divertido, y que lo queréis compartir con él.

La mejor forma que he encontrado de trabajar con niños es ofrecerles un reto. Los niños responden de inmediato a los retos como: "Vamos a ver lo bueno que eres". Debéis ser un poco pícaros y dejaros ganar a propósito algún partido de vez en cuando, porque –reconozcámoslo– al principio vuestro nivel de juego será superior al suyo. Pero os aseguro que al final será inevitable que ellos sean mejores, igual que Tiger consiguió en seguida jugar mejor que yo.

Hay dos "primeras ocasiones" en que Tiger me ganó. En

una de ellas estábamos jugando un recorrido de pares-3 en el club de Heartwell, en Long Island. Tiger tenía ocho años y, aunque odio reconocerlo, me ganó, si bien es verdad que yo no me estaba esforzando al máximo, así que no lo considero como una verdadera derrota. Aún hoy discutimos sobre eso, y debo admitir que cuando me dijo "Papi, te he ganado", fueron las palabras más dulces que he oído. Pero en mi "libro de récords" la primera vez que Tiger me ganó de verdad fue a los once años. Yo intenté jugar lo mejor posible, y él me dio una paliza. Desde entonces no he vuelto a estar cerca de ganarle. Y nunca lo estaré. Así que preveníos, padres: ¡estáis creando un monstruo! Pero es un monstruo maravilloso, joven, hábil y ansioso de aprender. Y os sentiréis orgullosos y contentos de ser testigos de su desarrollo no sólo como jugador, sino también como persona. Las dos cosas van unidas.

Los niños responden mejor cuando se pica su curiosidad. La manera más segura de llamar su atención es hacer el golf divertido. Los padres debemos mantener siempre una actitud positiva y paciente. Hay varias maneras de conseguirlo, pero yo he descubierto que la mejor es mediante juegos competitivos. Un pequeño uno-contra-uno puede conseguir atraer y mantener el interés del niño. Más adelante detallaré algunos juegos y competiciones que podéis utilizar como instrumentos de ayuda. También son útiles para enseñar a los niños las normas de etiqueta del golf, las reglas y el comportamiento aceptable. Recordadle, por ejemplo: "Nunca corras en el *green*. Arregla los piques y las huellas de los clavos", etcétera. También os ayudará a desarrollar su vocabulario de golf; esos términos técnicos y no técnicos que adornan este deporte. Para enseñar a jugar a un niño tendrás que comunicarte con él, tendrás que enviarle un mensaje, y ese mensaje debe ser comprensible.

El reto reside en asegurarse de que el mensaje ha sido comprendido para que tenga lugar el auténtico aprendizaje.

La mayoría de los padres conocerán mejor que sus niños los detalles técnicos. Las explicaciones deben ser sencillas y directas: En el caso de un niño pequeño, el padre debe estar dispuesto a demostrar, física y verbalmente, lo que quiere decir, hasta que el niño lo entienda y lo sienta.

La colocación, la distribución del peso, y el equilibrio, son parte del vocabulario de golf. Yo le enseñé a Tiger cada uno de ellos mediante demostraciones. Empecé por adoptar la posición adecuada para golpear a la bola. Los pies cómodamente separados, las rodillas flexionadas, pecho y caderas paralelas con los pies. Se lo expliqué punto por punto, una y otra vez. Pero Tiger no captaba el significado de "paralelo". Cuando tenía un año, Tiger subía tanto el palo que pasaba de la posición paralela y el palo apuntaba al suelo. Lo siguió haciendo así hasta un par de años más tarde, cuando nos invitaron a una exhibición en el Club de Golf Santa Ana. El profesional de aquel club hizo una foto a Tiger con su Palaroid, y en ella se veía el palo apuntando al suelo. Yo utilicé esa fotografía para demostrarle el significado de "paralelo". ¿Ves cómo colocas el palo aquí?, le dije, señalando la posición del palo, apuntando hacia el suelo. "Has hecho una subida demasiado larga. Deberías subir el palo hasta aquí, paralelo al suelo." Pasé el dedo a lo largo de la línea de sus hombros y a lo largo del suelo y le dije: "Esto es paralelo; cuando dos líneas están así".

"Ah", dijo él. Desde ese día nunca ha subido el palo más allá de la posición de paralelo.

*La posición paralela.*

Los niños aprenden de prisa, en especial cuando se trata de aprender terminología. Un par es el número de golpes que debería hacer un jugador de primera categoría desde el *tee* y hasta el hoyo. Varía según la longitud del hoyo: normalmente son par-5, par-4 y par-3. Cada par está basado en necesitar dos *pats* para meter la bola en el hoyo. Un par-4 es lo suficientemente largo para que un jugador normal (no John Daly) no pueda alcanzar el *green* en un solo golpe. Está diseñado para ser alcanzado en dos golpes, y hacer luego dos *pats;* de ahí que sea un par-4. Un *bogey* es cuando se hace un golpe más que el par, y un *doble bogey* es cuando se hacen dos golpes más, y así en adelante.

Cuando Tiger empezó a jugar, yo le asignaba un par a cada hoyo. Él sabía cuál era el par real, y algunas de nuestras mayores discusiones llegaban cuando yo se lo cambiaba. Por ejemplo, su par en un hoyo de 360 metros era 7, lo cual significaba que tenía que dar cinco golpes para llegar al *green*, y hacer luego dos *pats*. A medida que crecía y pegaba a la bola más lejos podía alcanzar el *green* en menos golpes, y yo le reducía el par. Así hasta que Tiger empezó a decir que no, que el par no era suficiente para él; que quería hacer *birdie*. Fue el comienzo de un afán competitivo que no tiene límite: cuando Tiger va cinco bajo par quiere ir seis bajo par. Cuando va seis bajo par, quiere ir siete bajo. Él no es de los que dicen: "¡Vaya!, voy cinco bajo par, se supone que no debería llevar un resultado como éste". La verdad es que Tiger lleva haciendo resultado bajo par desde que tenía dos años gracias a esos pares modificados. Discutíamos porque él siempre quería hacer bajo par, y desde entonces nos hemos reído muchas veces recordándolo. No se daba cuenta de que yo le estaba regalando golpes. Lo que iniciamos como partidos divertidos se convirtió en una experiencia de aprendizaje compartida, y en una aproximación entre nosotros de la que nos seguimos beneficiando. Estoy seguro de que vosotros y vuestros hijos lo experimentaréis también.

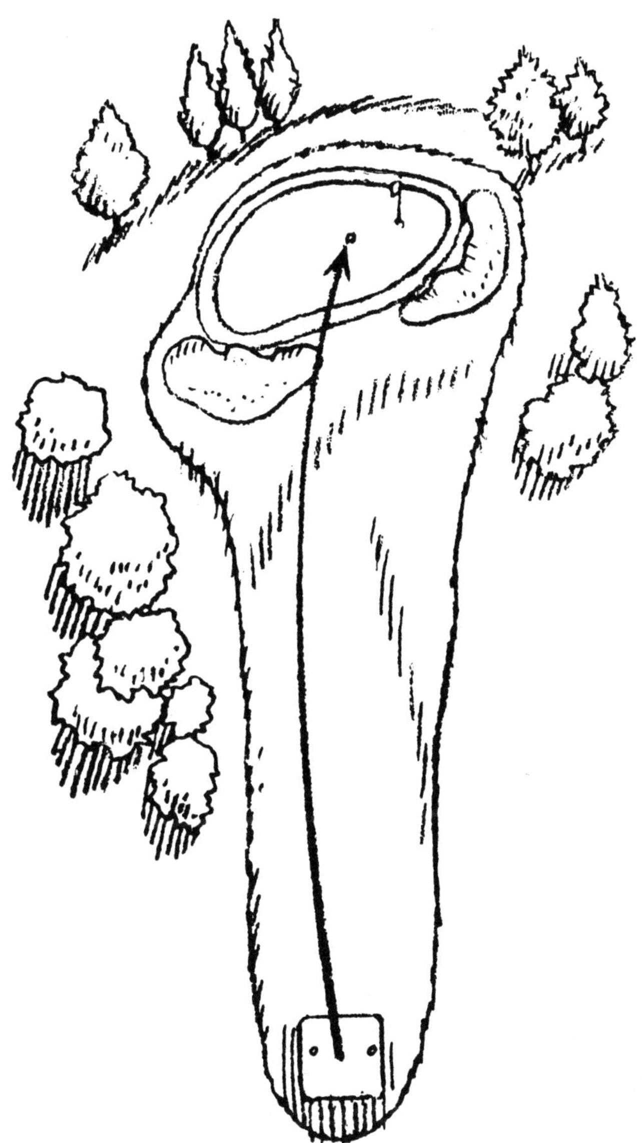

*Ilustración de un par-3 típico...*

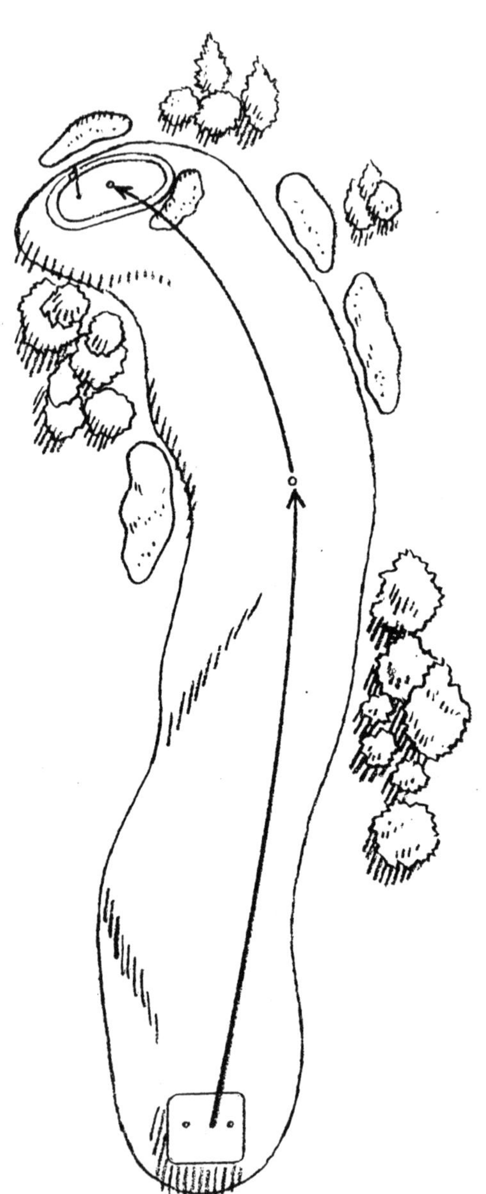

*un par-4...*

*y un par-5...*

# EL MATERIAL

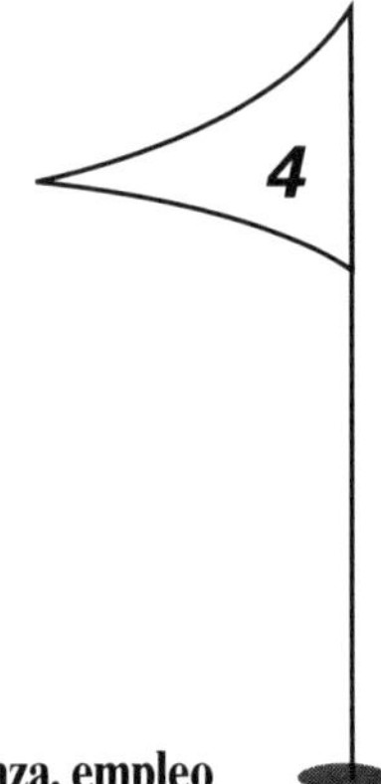



○ **Ajustes, seguridad, personalización, economía, confianza, empleo**

Para jugar al golf es necesario disponer de material, no mucho al principio, pero sí el adecuado para el tamaño y la edad de vuestro niño. Los tres factores más importantes son el peso del palo, su longitud y el grosor de la empuñadura. A nadie se le ocurriría dar un bate de béisbol de un metro de longitud a un niño de nueve años, y sin embargo hay a quien no le parece mal darle un palo de golf de adulto. Hay que asegurarse de que los palos son los adecuados no sólo al comienzo, sino durante todo el desarrollo de vuestro niño.

Un elemento adicional a tener en cuenta es el ángulo del palo. Deberíais darle un hierro 7, 8 ó 9. Esto facilitará la habilidad del niño para hacer volar la bola. No es divertido hacer correr la bola por el suelo; sin embargo fijaos en cómo se iluminan sus ojos cuando levanta la bola. Eso le "engancha" en el golf.

No es preciso comprar muchos palos. Un hierro y un *pat* son suficientes para empezar, siempre y cuando sean de la talla y el tamaño adecuados. Los fabricantes venden desde hace poco palos y bolas de plástico, y palos con varillas de grafito (ligeros y funcionales). Tiene un precio razonable y se pueden encontrar en las tiendas de golf y de deportes.

Los talleres de reparación de palos os construirán encantados un palo a la medida del niño y a un precio razonable. Así fue como yo equipé a Tiger al principio. Desde entonces he utilizado la misma tienda de palos a medida, Custom Golf House en Orange, California. Bill Orr, el dueño, se ha ganado el respeto de Tiger hasta tal punto que Tiger no permite que ningún otro profesional le ajuste los palos. Vosotros también podéis desarrollar una relación similar con el experto de vuestra zona en reparar palos y aprovechar su experiencia y sus consejos durante muchos años. Yo sugiero a los padres que no hagan ellos la tarea de cortar y adaptar los palos para sus hijos porque podría ser contraproducente. Podrían cortar el palo demasiado corto, y arruinarían el palo. Además se necesita cinta adhesiva especial para crear la empuñadura, y hay que conocer la talla del puño exacta para las manos de vuestro niño. Todo este trabajo se puede evitar si dejáis el trabajo en manos de expertos. Y con franqueza, el coste no es prohibitivo. Los precios pueden variar según qué zona del país, pero se puede esperar gastar entre 15 y 20 dólares por un palo a la medida del niño.

El primer palo de Tiger fue un hierro 7 con la parte posterior de la cabeza recortada para hacerlo más ligero. La empuñadura era un problema diferente por la edad tan temprana a la que había comenzado a jugar. Hubo que acortar tanto el palo que no se ajustaba ninguna empuñadura porque la varilla quedaba en un diámetro demasiado estrecho. La solución fue engrosar la varilla con cinta adhesiva hasta que se adaptará a la empuñadura. Pero cuando encajamos la empuñadura, ésta resultó ser demasiado gruesa para sus manos. Y ¿sabéis quién era la persona más exigente en todo este proceso? Tiger. Quería que el palo quedara bien. Su insistencia en que el ajuste fuera correcto me llevó a prometerme a mí mismo que me preocuparía durante todo su desarrollo en que el material fuera del tamaño correcto para él.

El *pat* es una historia algo diferente, porque por la naturaleza de su diseño se puede reducir de tamaño y aun así funcionar perfectamente para un niño. Yo os recomiendo un *pat* con el peso distribuido hacia la punta y el talón para que esté más equilibrado y resulte más fácil golpear a la bola. La longitud del palo es decisiva para evitar que el niño adquiera malos hábitos. Si alguna vez habéis visto al profesional japonés Isao Aoki, que patea con la punta del *pat* completamente levantada, sabéis a qué me refiero. Este hábito procede sin duda de haber tenido de pequeño un *pat* que era demasiado largo para él.

Tiger recibió su primer *pat* de verdad, metálico, cuando tenía siete meses. Siempre caminaba en su taca-taca por toda la casa, arrastrándolo. Era su juguete favorito, y nunca llegó a romper nada con él. A los diez meses usó ese mismo palo para golpear por primera vez a una bola en nuestro garaje. Así que todo lo que Tiger necesitó en su primer año en el golf fue un hierro 7 y un *pat*.

Puede que vuestro niño necesite más palos. Depende de

su edad. Si podéis, compradle uno de esos juegos de principiante que se pueden adquirir en algunas tiendas. La bolsa le servirá para transportar los palos y para acostumbrarse a cargar con ellos. Es una buena costumbre porque en los campeonatos junior se exige que los niños carguen con su propia bolsa y sus palos. No se permiten *caddies* ni carros. La primera bolsa de Tiger se la diseñó y se la cosió su madre. Muchos de vosotros recordaréis haber visto a Tiger, con dos años de edad, en el programa de Mike Douglas, participando con Bob Hope en un concurso de *drive* y de *pat*. La bolsa que llevaba ese día en el escenario era la culminación de toda una obra de creatividad y cariño por parte de su madre.

¿Os habéis dado cuenta de que ya tenemos a vuestro hijo jugando con un palo y sin bola? No es que nos hayamos olvidado de ella, sino que a estas alturas el material menos importante es la bola. Se puede utilizar cualquier tipo de bola, si bien yo recomiendo al principio alguna de plástico o de goma, por la seguridad de todos. Incluso una bola de tenis. Existen muchas posibilidades, como las bolas de gomaespuma que venden en las tiendas de deportes y que son muy eficaces y a prueba de niños.

En cuanto vuestro hijo alcance cierto nivel, querrá un juego de palos completo. La edad del niño y la longitud y el peso de los palos seguirán siendo muy importantes. Os recomiendo que limitéis el juego a un *pat*, un *sand wedge*, un *pitching wedge* y los hierros desde el 9 hasta el 5. Los niños normales no tienen la velocidad de *swing* ni la fuerza necesaria para jugar un hierro largo (un 2, o un 4), así que malgastaríais vuestro dinero si lo incluís en el juego.

Sé que vuestro niño será como el mío, y que querrá golpear a la bola tan lejos como pueda, y que eso requiere una madera. Sugiero un máximo de dos, probablemente la 5 ó la 7, y para otros niños, de más de doce años, la madera 3. El ángulo de las maderas 5 y 7 hace que al niño le resulte más fácil elevar la bola en el aire. Esto alimentará su confianza y le hará disfrutar más. Al fin y al cabo, la idea es golpear a la bola y que se divierta.

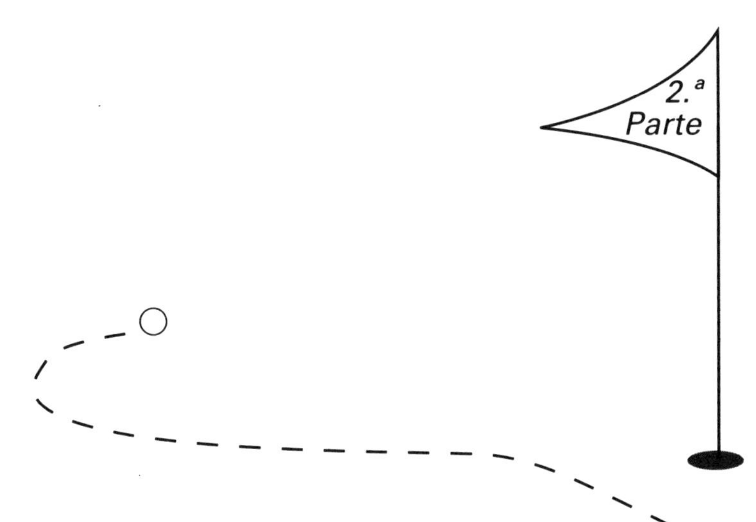



# Aprender el *swing* de golf

# FUNDAMENTOS Y MECÁNICA

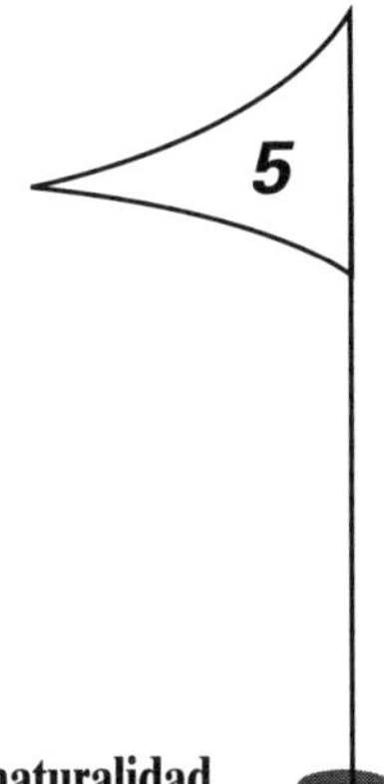

○ Selección, control, intuición, repetición, corrección, naturalidad

El golf no es distinto de otros juegos: para jugarlo bien hay que dominar sus fundamentos y su mecánica. Hay jugadores que mediante la adaptación y repetición se han servido de *swing*s poco ortodoxos para triunfar (como Miller Barber y Lee Trevino), pero podéis apostar a que los fundamentos de aquellos jugadores eran sólidos. También ellos comprendían la importancia de tener una buena empuñadura, una colocación correcta, equilibrio y buen ritmo.

**La empuñadura**

El golf empieza con la empuñadura. Todo se transmite a través de las manos hacia la bola, así que la empuña-

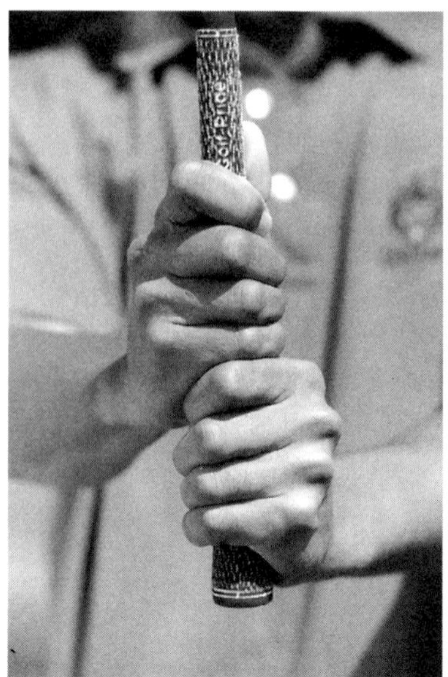

*La empuñadura de béisbol,
cogiendo el palo con los diez
dedos.*

*En la empuñadura entrelazada se
entrecruzan el meñique de la mano
derecha y el índice de la izquierda.*

dura debe ser correcta. Hay tres tipos básicos de empuñadura: la de béisbol (diez dedos), la entrelazada y la
superpuesta, o "Vardon". Dejad al comienzo que el niño
escoja la empuñadura que le resulte más cómoda. Luego,
a medida que se divierta jugando y mejore, enséñadle
otras formas de coger el palo. Pero dejadle que él tome la
decisión, no le presionéis. Tiger utilizó la empuñadura de
béisbol hasta los seis años. Le enseñamos las otras dos a
los tres años, pero no cambió hasta que cumplió siete, y
escogió la entrelazada porque sus manos eran pequeñas y
se sentía más fuerte con las manos entrelazadas. Jack
Nicklaus sufrió un problema similar y optó por la misma
solución. Una vez que Tiger encontró la empuñadura con
la que se sentía más cómodo y que le permitía golpear

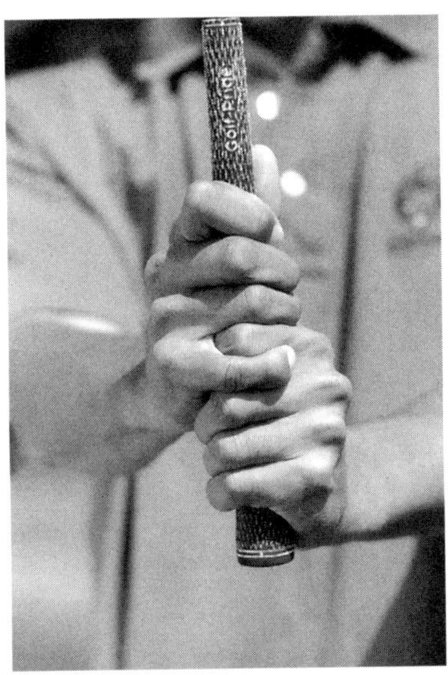

*En la empuñadura* Vardon *se inserta el meñique de la mano derecha entre los dedos índice y corazón derechos.*

mejor a la bola, ya nunca la cambió.

Las manos son la clave para controlar el palo. Son el punto de conexión del cuerpo con el palo y controlan la dirección y la trayectoria de vuelo de la bola. Para controlar la dirección las manos deben estar alineadas no sólo entre sí, sino también con la cara del palo. Cuanto antes enseñéis esto al niño, mejor. Es un fundamento muy fácil de enseñar. Yo se lo enseñé a Tiger tan pronto que él no sabía aún contestarme, así que tuve que utilizar imágenes. Le pedí que diera una palmada, y él lo hizo. Entonces le pedí que mantuviera las manos juntas, le mostré cómo podía moverlas y doblarlas como si fuese una unidad y le dije: "Tus manos deben estar así si quieres que la bola salga recta". Entonces cogí un palo, se lo puse entre las manos y le dije: "Así es como debe estar. ¿Recuerdas cómo doblábamos las manos?". Él asintió y yo continué: "Pues ahora vamos a hacer lo mismo con el palo". Y a la primera lo hizo bien.

Los niños tienen una sensación interior de ellos mismos incluso a los diez meses de edad. Saben cuándo las cosas están en equilibrio y cuándo están alineadas correctamente. Sencillamente, notan que están bien. Desde aquel día no he tenido que volver a enseñar a Tiger a alinear las

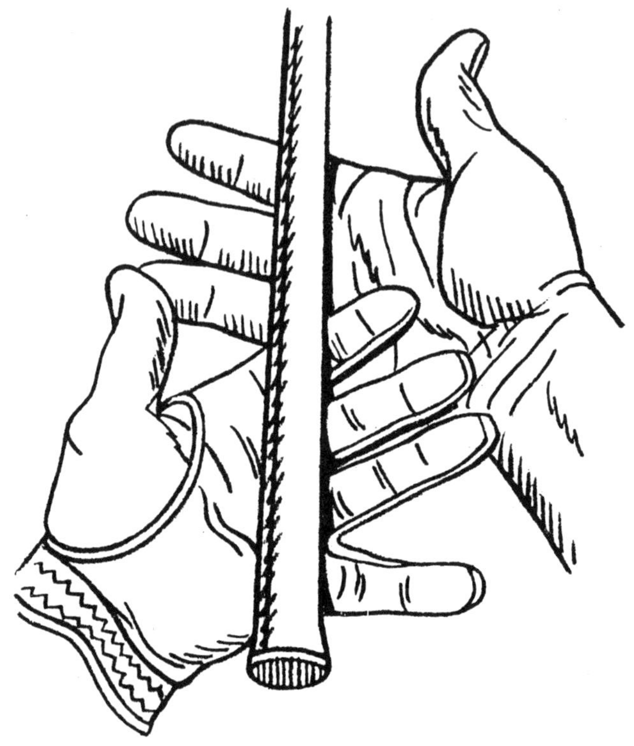

*Es importante fijar y mantener la empuñadura con el dedo meñique de la mano izquierda durante todo el* swing.

manos entre sí y con la cara del palo. Este método funciona con los niños de todas las edades.

He aquí otro método que podéis probar: haced que el niño se ponga de pie con los brazos a los lados; colocad un palo en su mano izquierda y alinead la cara del palo 90 grados respecto a la dirección a la que apunta el cuerpo. Ésta es la línea de tiro. En esta posición la mano izquierda sujeta la empuñadura de forma natural y se alinea con la cara del palo. Lo único que falta es colocar la mano derecha en la empuñadura y alinearla con la izquierda. Pedid al niño que coloque el palo frente a sí y decidle: "Ahora

*Aunque el palo se sujeta con los diez dedos, los puntos
específicos de presión son los que se muestran arriba.*

pon la mano derecha aquí". Es probable que el niño lo
haga bien a la primera.

La mayoría de los niños prefieren la empuñadura de
béisbol porque la naturaleza les ha dotado de ese instinto
para coger un palo, y para ellos un palo de golf no es más
que un palo con una empuñadura. Así que no os sorprenda si el niño coge el palo de esa forma la primera vez.
Vosotros, como padres, tendréis que ser muy pacientes  y
repetir el proceso varias veces hasta que el niño lo haga
bien sin ayuda. Recordad que los dos puntos clave son que
las manos deben estar enfrentadas entre sí, y alineadas con

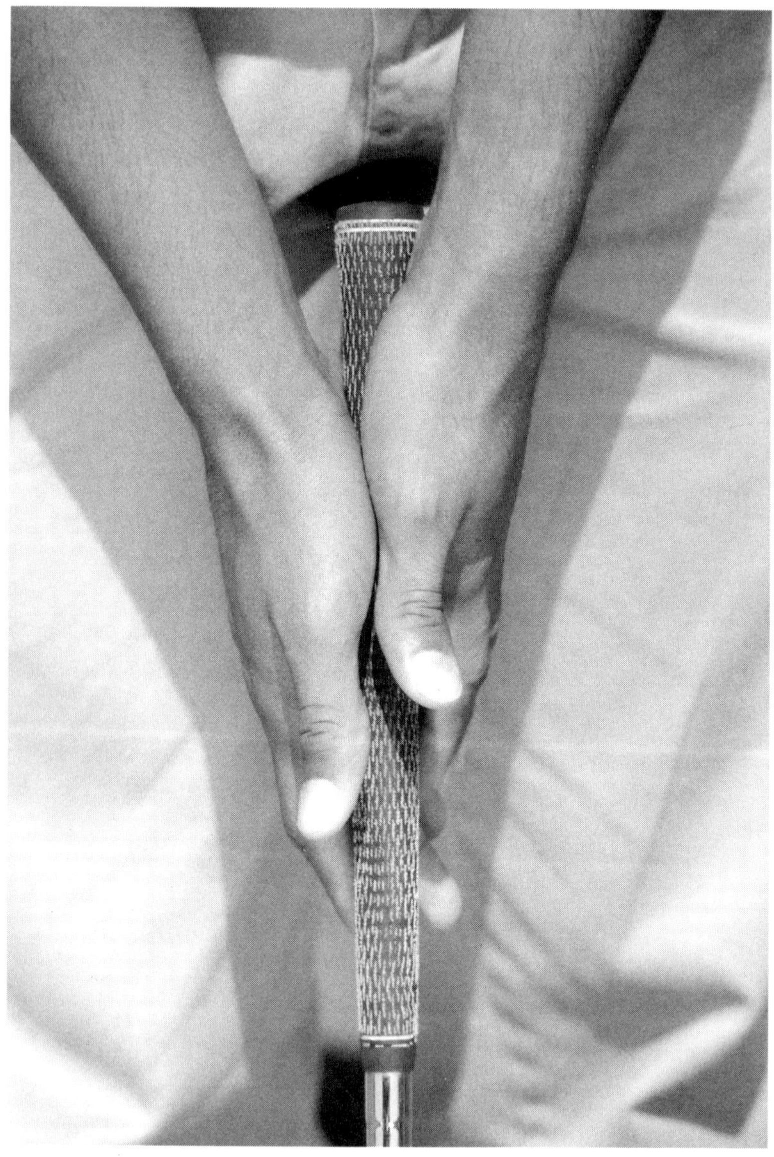

*Las manos deben estar paralelas entre sí para que trabajen juntas.*

*Coloca el extremo de la empuñadura en diagonal a través de la palma de la mano y de la unión entre los dedos pulgar e índice.*

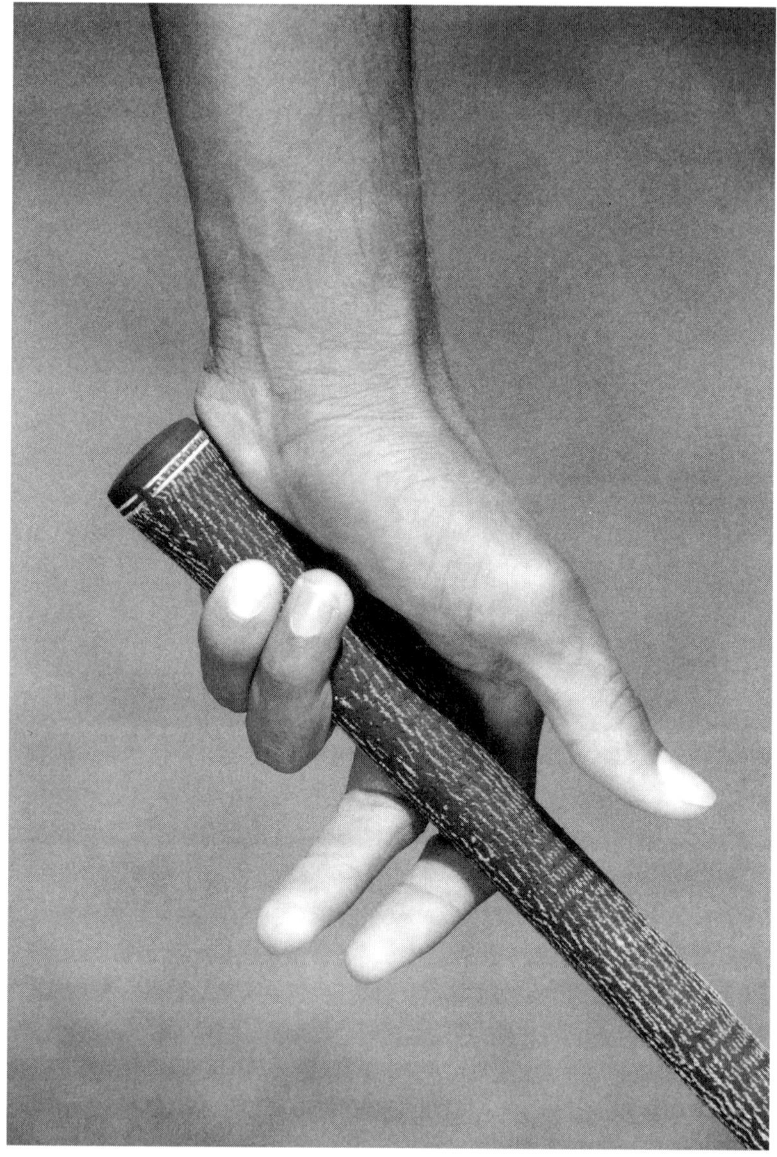

*Sujeta el palo con los dos últimos dedos de la mano izquierda.*

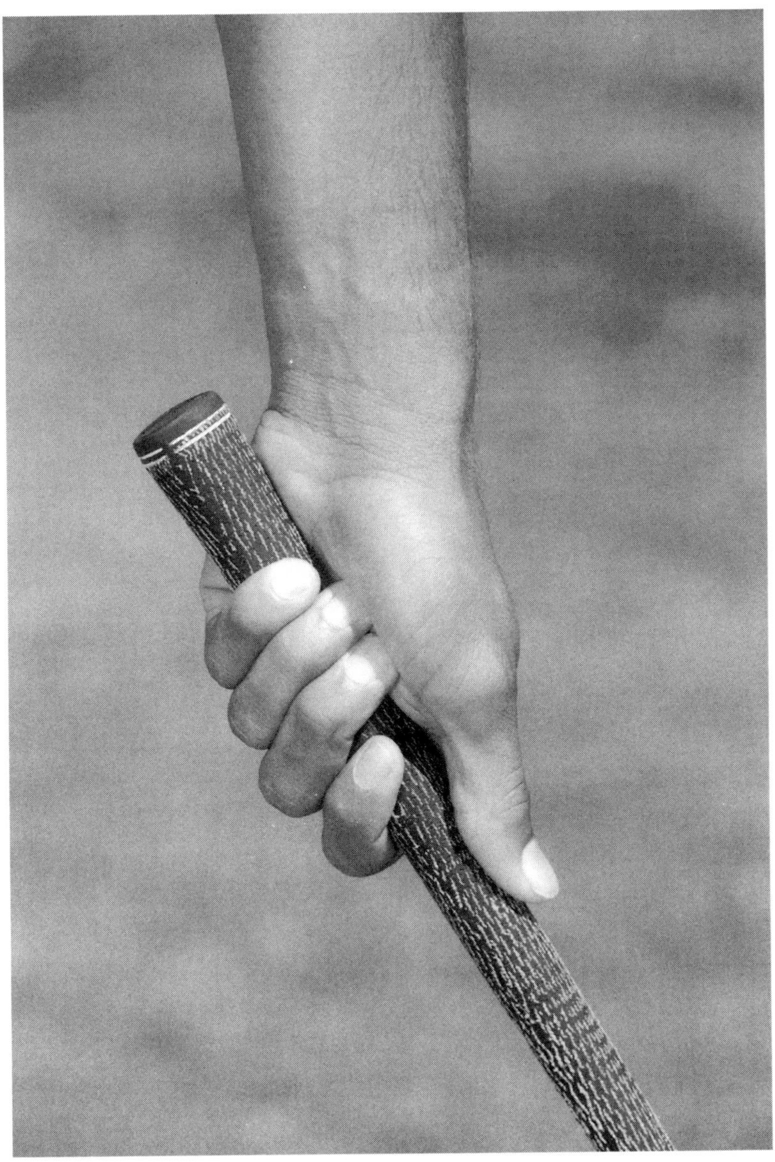

*Coloca los otros dos dedos sobre la empuñadura.*

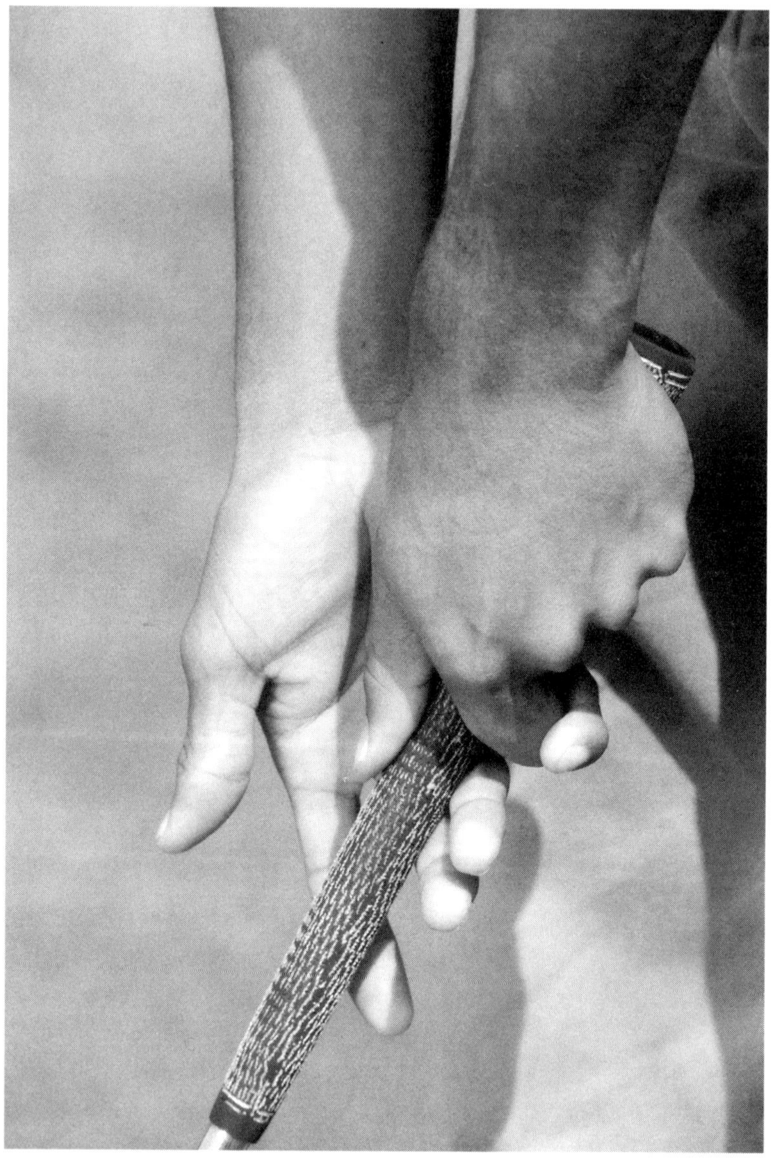

*Coloca la mano derecha en la empuñadura empezando por los dos dedos intermedios.*

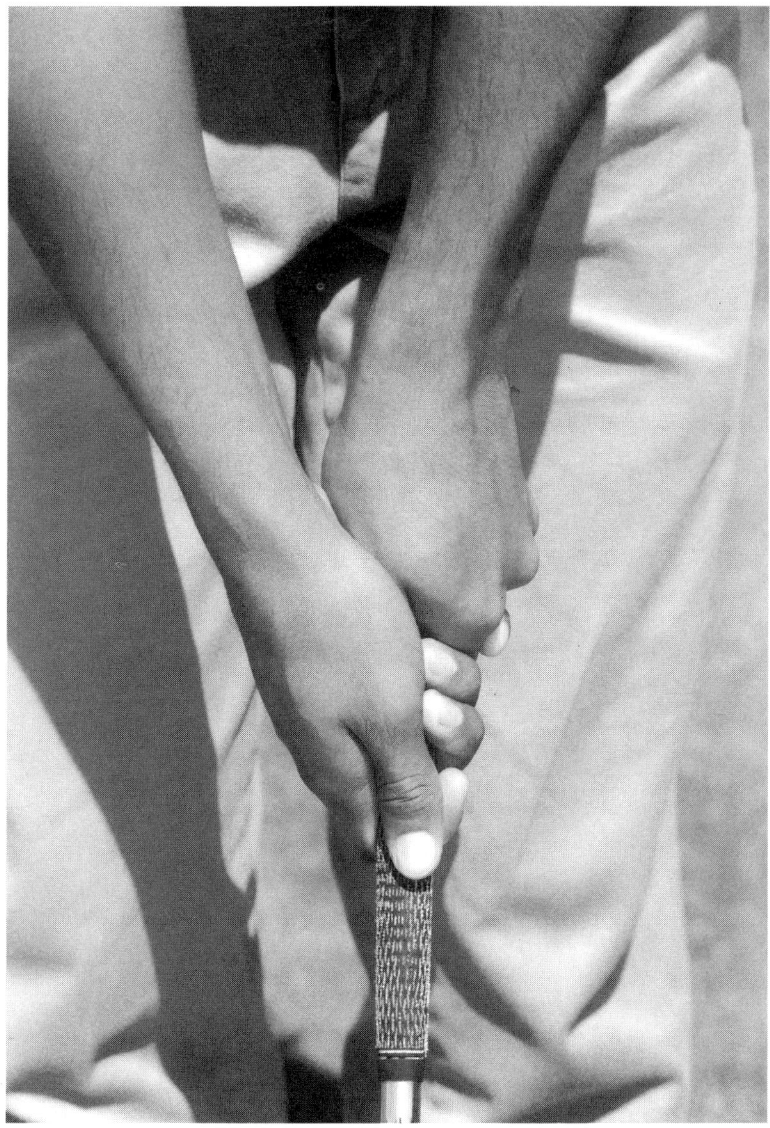

*Completa la empuñadura colocando el resto de la mano derecha por encima de la izquierda, y ajustándola hasta sentirte cómodo.*

*Aspecto lateral de la empuñadura entrelazada completa.*

la cara del palo. Si no las coloca así, ajustádselas. Al enseñarle mediante repeticiones, le enseñáis también la sensación de lo que es correcto. Al niño le terminará resultando tan natural como caminar.


## La alineación

Tan importante como enseñar la empuñadura adecuada lo es el inculcar al niño muy temprano la necesidad de una alineación correcta, con las rodillas, la cintura y los hombros paralelos a la línea de tiro. Lo he comentado muchas veces con muchos profesores que están de acuerdo en que todos los errores del *swing* se pueden detectar a través de la alineación. Es muy parecido a apuntar con un rifle: por muy cara que sea la escopeta, no darás en la diana si no apuntas correctamente.

Los espejos ayudan mucho a enseñar la postura correcta, porque aportan información inmediata. Aleccionad a vuestro hijo para que separe los pies cómodamente y para que flexione ligeramente las rodillas; enseñadle a inclinarse un poco por las caderas y a relajar los brazos, de manera que cuelguen y se puedan mover libremente. A continuación decidle: "Ahora siéntate un poquito". Entonces colocadle el palo entre las manos y decidle: "Ésta es tu postura".

También es importante enseñarle la importancia del equilibrio y de distribuir el peso en la parte interior de los pies: cuando el niño esté colocado, empujadle suavemente en el hombro y observad como "rebota" a la posición original. El niño cargará instintivamente el peso en el interior de cada pie para evitar caerse. Hacédselo notar para que

*Ésta es la colocación: dinámica y preparada para la acción.*

el niño note la fuerza del peso, y si es necesario reafirmád-
selo empujándole por el otro hombro.

Ahora ya tenéis una colocación. El peso está cargado en
el interior de los pies y éstos apuntan ligeramente hacia
afuera. Las rodillas están un poco flexionadas. Los pies, las
caderas y los hombros están paralelos entre sí y con la línea
de tiro. El peso está distribuido por igual entre los pies. El
tronco está ligeramente inclinado desde las caderas. Los
brazos cuelgan y sostienen el palo. La cabeza está colocada
de tal manera que permite ver la bola con naturalidad.

He aquí un ejercicio para afianzar la postura, el equilibrio y la alineación. Pedid al niño que se coloque a la bola,
y que a continuación se incorpore; decidle luego que se
vuelva a inclinar y a retomar la postura de preparación
para el golpe. Haced que lo repita varias veces. Esto le
ayudará a adoptar la postura correcta. Hay personas con

posturas "vagas" que doblan la espalda e inclinan la cabeza. Ésa no es una posición natural cuando estás erguido, así que, si le sucede al colocarse a la bola, lo mejor es volver a erguirse y corregir el defecto. La espalda debería estar razonablemente estirada, y la cabeza un poco elevada. Notad cómo esta postura sí resulta natural. No hay nada artificial en ella. Si enseñáis estos fundamen-

*Antes de colocarte a la bola, empieza por ponerte erguido, para asegurarte de que la postura, el equilibrio y la alineación del cuerpo son los adecuados.*

tos (alineación y equilibrio) a vuestro hijo a una edad temprana se beneficiará de ellos durante toda la vida.

## El ritmo

El ritmo es un elemento crítico en todos los aspectos del golf, desde patear hasta chipear y aprochar, y muy especialmente en el *swing* completo. ¿Qué es el ritmo? Es el tiempo total necesario para ejecutar un golpe. Algunas personas hacen el *swing* rápido, otras lo hacen lento. Si un jugador de *swing* rápido intentara hacer el *swing* despacio, alteraría su ritmo natural. Si el jugador de *swing* lento lo intentara hacer rápido, se precipitaría y resultaría poco eficaz. Cada jugador debe buscar su estilo natural y mantenerlo durante todo el *swing*. Todos los jugadores tenderán a recuperar su ritmo natural en situaciones bajo presión. En el golpe de *pat,* los padres debéis poner el énfasis en que el niño suba el palo con suavidad hacia atrás y realice una transición tranquila antes de acelerarlo hacia la bola. En los golpes de *pitch* y de *chip* se debe hacer lo mismo, y también, con más razón todavía, en el *swing* completo, que es más amplio y necesita generar velocidad en la cabeza del palo. Todo el esfuerzo debe estar orientado a hacer un *swing* natural y suave.

## El equilibrio

El equilibrio lo es todo. El cuerpo busca su equilibrio de forma natural. Es un instinto innato. Para poner a prueba el equilibrio del niño debéis comenzar desde la posición erguida. Empujadle ligeramente en cada hombro; para evitar caerse, el niño distribuirá el peso de su cuerpo en la parte interior de cada pie. Luego empujadle por la espalda, y él asentará el peso justo detrás de los dedos de los pies. Si el niño se cae hacia adelante cuando se le empuja por la espalda, eso significa que tiene el peso en

*Empuja el hombro derecho para centrar el peso en la parte interior de los dos pies.*

los dedos de los pies. Hacédselo notar para que se apoye un poco más atrás hasta que note la diferencia y consiga el equilibrio. La comprobación final es cuando no se consigue ningún movimiento aparente al empujar desde cada hombro y por la espalda. Repetid el ejercicio en la postura como si el niño estuviera colocado a la bola, y a continuación recordadle: "Ahora estás en equilibrio". Entonces se ha conseguido una colocación atlética y el jugador está listo para ejecutar un *swing* dinámico.

Tiger es un atleta natural y su cuerpo está siempre en equilibrio. Pero algunas veces dejaba caer el hombro

*Empuja por la espalda para centrar el peso en la parte intermedia de cada pie.*

izquierdo al colocarse a la bola. Para solucionarlo, le pedía que se colocara a la bola, que cerrara los ojos, que se pusiera completamente de pie y que se colocara a la bola otra vez, y que entonces abriera los ojos. Siempre entraba en acción su equilibrio natural y su hombro recuperaba su posición correcta, alineado con el resto de su cuerpo. Y yo, como siempre, se lo hacía notar. Así que si alguna vez observáis a Tiger en un torneo y veis que se estira después de haberse colocado a la bola y se vuelve a colocar de nuevo, ya sabéis por qué es.

# LA PRIMERA FASE: PATEAR

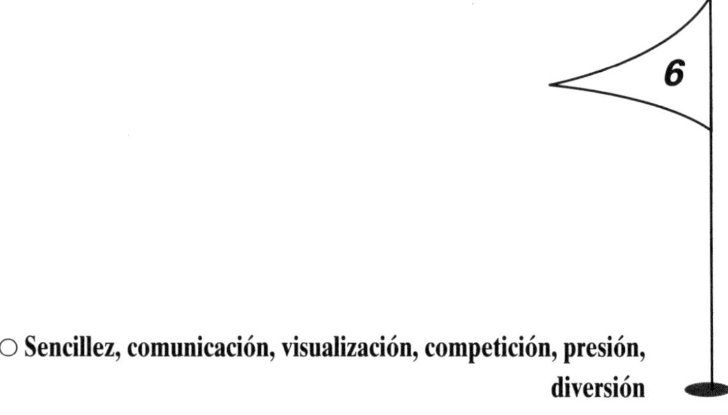

○ **Sencillez, comunicación, visualización, competición, presión, diversión**

Estoy firmemente convencido de que para enseñar a hacer el *swing* hay que empezar por lo más sencillo, que es el *swing* de *pat*, y continuar desde ahí hacia el *chip* y el *pitch*. Esa progresión en la enseñanza es el método más fácil de enseñar a un niño a jugar al golf, porque no requiere ninguna habilidad especial para golpear a la bola. El golf debería enseñarse desde el hoyo hacia el *tee,* en este orden:

◁ Patear.

◁ Chipear.

◁ Aprochar.

◁ *Swing* completo.

Es muy difícil hacer entender a un niño cómo debe patear cuando es tan pequeño que no puede hablar. La solución es demostrárselo mediante ejemplos. La mente de un niño es como un libro en blanco esperando a que le llenen las páginas. Yo enseñé a Tiger a patear cuando sólo sabía gatear, utilizando su mente para visualizar el objetivo hacia el que estaba tirando.

Lo más bonito de un *pat* es que incluso cuando lo acortas le sigue sirviendo a un niño. No resulta molesto por tener demasiado peso en la cabeza. Los factores clave al patear son: el tamaño del *pat* respecto a la altura del niño, y que la empuñadura se adapte a sus manos. Una vez que se hacen estos ajustes, ha llegado el momento de enseñar el más sencillo de los *swing*s.

Pedid al niño que lance la bola con la mano, por bajo, hacia un hoyo que esté a unos tres metros de distancia. Esto le ayudará a desarrollar la sensación de la distancia, empleando un movimiento fácil y natural que el niño ya domina. Estos lanzamientos deberían realizarse en series de tres o cuatro.

Añadid variedad al ejercicio pidiéndole que lance la bola con los ojos cerrados; eso desarrollará en el niño confianza en que puede lanzar una bola hacia un objetivo sin mirarlo, y eso es un paso crítico en aprender a patear. No paséis a la siguiente fase hasta que el niño no sea capaz de dejar la bola a treinta centímetros del hoyo habitualmente. Los padres también podéis participar y crear un juego divertido y competitivo.

Luego enseñad al niño a coger el *pat*. No debéis intentar que adopte un empuñadura complicada, sino dejar que el niño haga lo que le resulte natural. Cuando Tiger estaba empezando, cogía el *pat* con empuñadura de béisbol. El golf

*La empuñadura de* pat *que vemos arriba tiene los dos pulgares por delante del* grip, *y el dedo índice de la mano izquierda por encima de los tres últimos dedos de la derecha.*

*Vista lateral desde el lado del objetivo.*

*Vista lateral desde detrás.*

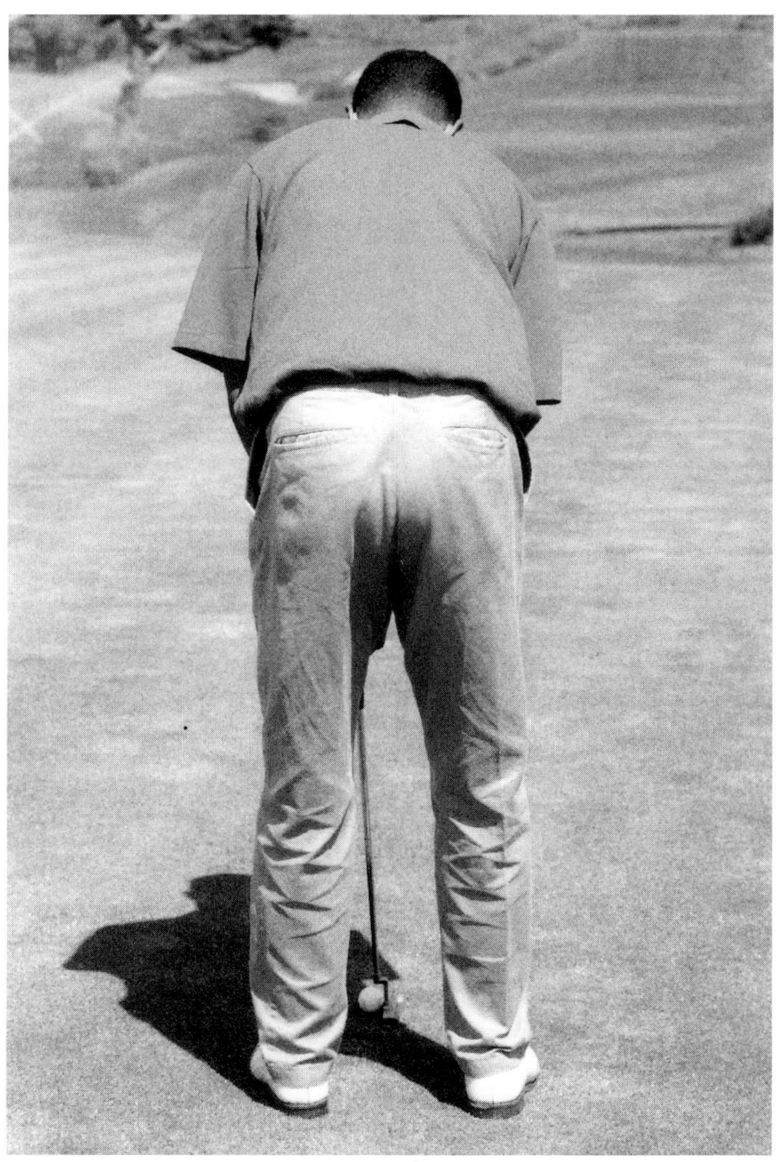

*Vista de la preparación desde detrás.*

permite muchos estilos diferentes, y la mayoría de ellos son bastante aceptables. De hecho, muchos profesionales y *amateurs* de primera fila patean con las manos cambiadas.

Para estar seguros de que pateará en la dirección correcta, debéis enseñarle alguna forma de colocación que le ayude a alinear el cuerpo con el hoyo o el objetivo. Una vez le hayáis enseñado estos dos aspectos fundamentales, y él los haya comprendido, llega el momento de encajar la siguiente pieza del rompecabezas: la acción de patear la bola hacia el hoyo.

La distancia inicial no debería ser de más de medio metro. Eso ayudará al niño a tener un buen promedio de aciertos y a mantener su interés. Colocad la bola en el *green*, haced que el niño se coloque a ella y que mire un

*El procedimiento de patear-a-la-imagen permite alcanzar la perfección.*

par de veces al hoyo y a la bola alternativamente. Entonces preguntadle: "¿Eres capaz de ver la imagen del hoyo sin mirarlo?". Si contesta que sí, pedidle que patee la bola hacia esa imagen sin mirar al hoyo. (Si la respuesta es "no", repetid el proceso hasta que al niño se le grabe una imagen en la mente.) Algunos niños necesitan sólo mirar dos veces para conseguir una imagen clara; otros necesitan hacerlo tres o cuatro veces. Notad la relación con el ejercicio anterior de lanzar una bola hacia el hoyo con los ojos cerrados. Lanzar la bola hacia una imagen visual debe aprenderse mediante repeticiones.

A medida que mejora su eficacia, alargad la distancia hasta el hoyo. También podéis utilizar tres bolas, a uno, dos y tres metros de distancia. Y antes de cada *pat* recordad al niño: "Patea hacia la imagen del hoyo".

No todos los *pats* están en un terreno llano, ni son rectos. Hay que tener en cuenta la caída del *green*, la "velocidad" del *green* y otras condiciones. Debéis aportar al niño toda la información  del tipo: "Este *pat* es cuesta arriba. El *green* está rápido. El *green* está lento. El *green* está húmedo". Eso le permitirá al niño calcular de forma natural y automática la fuerza necesaria en cada una de esas condiciones para tener éxito al patear la bola hacia la imagen del hoyo.

Todos los *pats* son rectos; es el terreno el que está torcido. ¿Y cómo se juegan los *pats* con "caída", en que la bola se va a desviar hacia la derecha o hacia la izquierda? La respuesta está en la colocación. Al mirar hacia el hoyo decidimos cuánto se va a desviar la bola hacia la derecha o hacia la izquierda. Entonces nos colocamos de acuerdo con esa decisión, y apuntamos a una cierta distancia a uno u otro lado del hoyo. Eso permitirá al jugador concentrarse en la distancia, y no en la dirección, porque el control de la distancia es

*Todos los* pats *son rectos, pero la inclinación del* green *hace que la bola se desvíe.*

mucho más importante que el control de la dirección. Al patear hacia la imagen del objetivo y permitir actuar a nuestro ordenador interno podemos concentrarnos sólo en golpear a la bola hacia la imagen del objetivo.

Tiger asimiló en seguida el concepto de patear hacia la imagen. La primera oportunidad que tuvo de demostrar lo que había aprendido fue cuando compitió en su primer torneo a los dos años: un concurso de aprochar, patear y pegar al *drive* en el Campo de Golf de la Marina, en Cypress. No le preocupaba en absoluto el ser el jugador más pequeño en la categoría de menores de diez años. De hecho, yo estaba mucho más nervioso que él. Tiger quedó el primero y se llevó el trofeo. El sistema de patear a la imagen funcionó. Es el mismo sistema que todavía emplea hoy.

Algunos de los juegos de

golf más sencillos incluyen el acto de patear. Sirven para inculcar el espíritu de la competición. Vuestro niño experimentará alternativamente la satisfacción del éxito y la determinación de recuperarse después de haber fallado. He aquí algunos juegos que espero que os sirvan para ayudar a vuestro niño a desarrollar una actitud positiva hacia la competición.

⅃ Colocad una bola a treinta centímetros del hoyo en el *green*. Aseguraos de que el terreno es llano y el *pat* es recto. El objetivo es meter tantos *pats* desde ese punto como sea posible. Los padres contarán en alto los *pats* que meta el niño, y viceversa. En cuanto uno falla, termina su turno (y, creedme, fallaréis). Luego comparad los resultados. Gana el jugador que haya metido más *pats* seguidos. No os sorprenda si os gana vuestro niño: ellos no tienen miedo y no suelen sucumbir a la presión.

⅃ Una extensión del juego del *pat* corto es ir moviendo la bola quince centímetros hacia atrás en la misma línea, con las mismas reglas.

⅃ Rodead el hoyo con cuatro bolas. El objetivo es meter cada una de ellas y contar quién mete más. El jugador tiene una única oportunidad desde cada punto; si la falla, ha perdido esa oportunidad.

⅃ Escoged tres hoyos a diferentes distancias (digamos, el más largo a unos quince metros, y los otros a siete y a tres metros). El objetivo es ver quién deja la bola más cerca de cada hoyo. Esto les enseña a controlar la distancia, que es más importante que la dirección.

⅃ Comenzad con un *pat* de treinta centímetros. Después de embocarlo, moved la bola quince centímetros más atrás. Si

## Ejercicio de rodear el hoyo con cuatro bolas

metéis ese *pat,* alejaos otros quince centímetros. Pero si falláis el *pat,* debéis jugad el siguiente quince centímetros más adelante. Es el juego de "volver-hacia-atrás", que enseña a tener paciencia y la importancia de la concentración. Tiger y yo hemos pasado muchas horas realizando este ejercicio y, podéis creerme, nos ha ayudado a desarrollar la libertad de reírnos de los errores del otro y de elogiar nuestros aciertos. Uno puede meter cuatro *pats* seguidos y estar a un metro de distancia, y fallar luego otros cuatro y estar a treinta centímetros. Proporciona al niño una oportunidad excelente de ver que los padres no somos infalibles. También ayuda a hacer un golpe de *pat* repetitivo, y enseña al niño a patear bajo presión.

⌐ Patear es un juego que educa el éxito. Lo ideal es tener una imagen clara de la bola entrando en el hoyo. Cuanto más clara sea esa imagen, más fácil resulta patear. Este juego educa el carácter y promueve una sensación de logro. Tiger hacía encantado la crónica del partido al llegar a casa: "Mamá, cuando terminamos el juego yo estaba a un metro y medio, y papá estaba a treinta centímetros del hoyo". Su orgullo era tan grande como su ilusión por que llegara el siguiente partido entre los dos.

⌐ Mi filosofía personal respecto al *pat* es que no existen los *greens* a-tres-*pats.* Sólo existen malos primeros *pats.* Eso es lo que le enseñé a Tiger con un juego pensado para perfeccionar el arte de dejar la bola cerca del hoyo. Yo le preguntaba: "¿Qué pretendemos conseguir con este *pat?*", y él me contestaba: "Dejar la bola tan cerca del hoyo que el siguiente *pat* esté dado". Dejar la bola cerca del hoyo es la clave del éxito en el *green.* El ejercicio era así: Colocad tres bolas a ocho metros del hoyo. Hay que dejarlas tan cerca del hoyo como sea posible, y a continuación hacer buena la teoría de que no existen *greens* a-tres-*pats* metiendo el segundo. Así se aprende el valor de un buen primer *pat*.

Existen dos métodos para practicar el *pat*. Uno es ejercitar un golpe repetitivo con una buena técnica, y el otro es practi-

*Hay dos tipos de* pats: *para dejar la bola cerca, o para meterla en el hoyo. Aquí vemos un ejemplo del primero; el objetivo es dejar la bola en un radio de un metro del hoyo.*

car el meter *pats*. Existe una diferencia muy grande entre los dos. Desarrollar un golpe repetitivo significa centrarse en una técnica de *swing* buena y fiable, sin preocuparse de meter el *pat*. La otra exige concentrarse en meter el *pat* utilizando ese *swing* repetitivo.

He aquí otro ejercicio: Colocad la bola a treinta centímetros del hoyo; apoyad la cara del palo detrás de la bola y clavad un *tee* a cada extremo de la cabeza del *pat,* de manera que el *pat* apenas quepa entre los dos *tees* al ejecutar el golpe. Este ejercicio se llama "ejercicio del hueco". El objetivo es crear un movimiento repetitivo pasando la cabeza del *pat* a través de ese hueco. Hacedlo 25 veces. Luego retirad los *tees* y a ver cuántos *pats* seguido sois capaces de meter. La presión aumenta cuantos más *pats* metéis, y notaréis cómo os afecta. También descubriréis lo bueno que es vuestro *swing* de *pat* y hasta cuándo lo podéis mantener.

Hablando de la presión y de su efecto en nuestro juego, Tiger y yo terminábamos nuestras sesiones de entrenamiento con una pequeña competición, que consistía en colocar la bola a treinta centímetros del hoyo y ver quién metía más *pats* consecutivos. Suena sencillo, ¿verdad? Un miserable *pat* de treinta centímetros, ¡cualquiera podría meterlos! Pero creedme, cuanto más aumenta el número, tanto más aumenta la presión. Él empezaba, mientras yo esperaba, esperaba y esperaba. Después de meter setenta *pats* seguidos, yo seguía ahí, de pie. Así de bueno era él, y así de orgulloso estaba yo.

Nuestra costumbre era terminar la sesión de prácticas con una visita al hoyo 19. Yo le decía: "Tiger, esto es ridículo. Ya me he cansado. Vamos al hoyo 19 a tomar algo". En el caso de Tiger, "algo" era una Cherry Coke.

*El ejercicio del hueco.*

# EL JUEGO CORTO

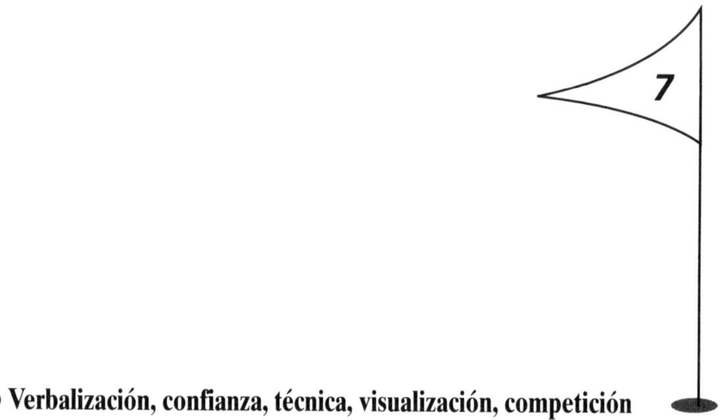



○ **Verbalización, confianza, técnica, visualización, competición**

El profesor de Jack Nicklaus, Jack Grout, le enseñó a jugar golpeando a la bola tan fuerte como pudiera. Mi filosofía es distinta. Yo creo que el golf debe enseñarse desde el *green* y hacia el *tee,* poniendo énfasis primero en el *pat.* Ese fue el enfoque que utilicé para enseñar a Tiger. Cuando él era muy pequeño le dije que el último palo de la bolsa que llegaría a dominar sería el *driver.* Mi teoría quedó demostrada más tarde por el hecho de que Tiger lo pasara mal ocasionalmente con ese palo cuando tenía ya más de 14 años. La razón por la que la mayoría de los profesores ponen énfasis en el juego corto es porque ahí es donde se ahorran los golpes. No es mi intención enseñar los fundamentos de chipear, o de aprochar, ni el *swing* de golf; sólo aportaré mi experiencia de manera que podáis ayudar a vuestro niño en las primeras fases de su desarrollo. Más adelante comentaré cuándo es el momento de contratar los servicios de un profesional.

Dejad que el niño coja el palo como prefiera. Lo más importante que se le debe enseñar después de un período de prueba es la postura y el equilibrio. Es importante enseñar la técnica correcta en cada tipo de golpe y demostrar las ligeras diferencias que hay entre los cuatro. En otras palabras, es un progreso paso a paso: patear, chipear, aprochar y el *swing* completo.

*Antes, y por encima de todo, golpéala y desgárrala.*

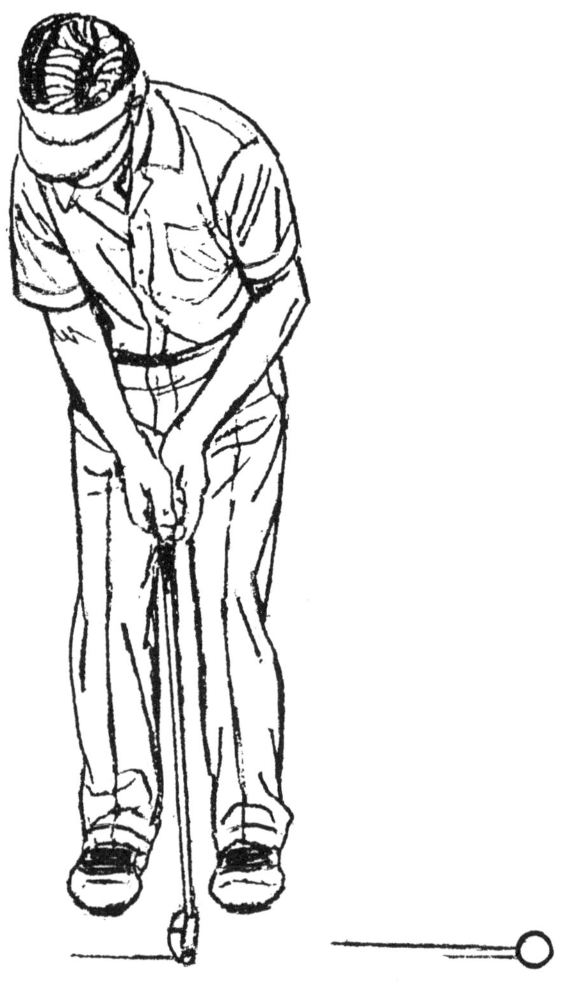

*El golf se absorbe más fácilmente si se aprende el* swing *desde el* green *y hacia el* tee. *Primero el* swing *de* pat.

*Segundo, chipear.*

*Tercero, aprochar.*

*Por fin, pero no menos importante, el* swing *completo.*

*Coge el palo más corto; al menos por la mitad de la empuñadura.*

*La colocación adecuada para chipear es con el peso sobre la parte interior del pie izquierdo.*

## Chipear

Chipear es el primer intento de golpear una bola hacia el *green* y se utiliza en golpes de hasta 20 metros. Pero antes de comenzar debéis desarrollar una rutina previa que se puede aplicar también al golpe completo.

Todos los golpes empiezan desde detrás de la bola. Debéis mirar alternativamente a la bola y al objetivo, y percibir la sensación de hasta dónde queréis golpear a la bola y qué factores entran en juego: la elevación (cuesta arriba, cuesta abajo, si el terreno está inclinado), los obstáculos (por encima de un *bunker* o de agua) y el tipo de hierba (si la bola está en hierba corta, en hierba alta, o sobre un terreno firme o blando). Después de sopesar estos factores, acercaos a la bola, desde el lado derecho o izquierdo, es igual, y haced un

*Vista lateral desde el lado del objetivo.*

*Vista lateral desde detrás.*

par de *swing*s de prácticas para percibir la sensación correcta. Entonces colocaos a la bola y ejecutad el golpe con toda confianza. Este PSO se hará más complicado cuanto más largo sea el golpe porque habrá que tener en cuenta otras consideraciones, pero ya hablaremos sobre eso más adelante.

Es más fácil visualizar un golpe desde detrás de la bola que mientras nos aproximamos a ella desde cualquiera de los dos lados de la línea de tiro. Repasad vuestro PSO junto a vuestro niño y mencionad en voz alta los factores que creéis que afectarán al golpe. Mientras os colocáis a la bola utilizad la técnica de patear-a-una-imagen. Sólo debéis demostrar la técnica de *chip* cuando estéis seguros de que el niño entiende el procedimiento.

Una de las principales diferencias entre chipear y patear es la colocación. Al chipear, el peso del cuerpo está cargado

*La secuencia del golpe de* chip: *La longitud del* swing *hacia atrás y la prolongación hacia adelante dependen de la distancia que se quiera alcanzar con el golpe.*

*El contacto es "limpio" y viene precedido por una trayectoria descendente del palo.*

en su mayor parte sobre la parte interior del pie izquierdo, y permanece ahí durante todo el *swing*. El cuerpo deberá estar alineado ligeramente a la izquierda del objetivo, o "abierto", con la cara del palo apuntando en la línea de tiro. Los pies no deben estar separados más de quince centímetros. En la mayoría de las ocasiones el *swing* será un poco más largo de lo que se necesita para un *pat*, y se ejecuta con

*Las rodillas se mueven ligeramente hacia el objetivo en el impacto.*

una trayectoria ligeramente descendente hacia la bola. Las muñecas no se deben cruzar al prolongar el *swing* hacia adelante, sino mantenerlas en una posición bloqueada. La cabeza mantendrá su posición pasiva (estable, pero no rígida), y os debéis concentrar en ver cómo el palo golpea a la bola. El golpe se ejecuta con un movimiento corto y descendente sobre la bola y se completa con una terminación corta, abreviada. El peso permanece cargado en el interior del pie izquierdo durante todo el golpe. En la prolongación del golpe la cabeza girará automáticamente y seguirá el vuelo de la bola hacia el hoyo. Los padres debéis poner énfasis en que el niño vea cómo golpea a la bola. Esto ayuda a que el contacto se más sólido y elimina los problemas que se producen por el movimiento excesivo del cuerpo. Recordad:

◁ Comenzad el golpe desde detrás de la bola.

◁ Identificad las variables y mencionadlas en voz alta.

◁ Cargad el peso sobre el lado izquierdo.

◁ Mirad al objetivo y a la bola alternativamente, como al patear.

◁ Chipead a la imagen del objetivo, pero aseguraos de ver cómo el palo golpea a la bola antes de hacer ningún movimiento con la cabeza.

## Aprochar

El golpe de *aproach* se utiliza para distancias entre 20 y 100 metros hasta el *green*, dependiendo del tamaño y de la fuerza del jugador. Se aplican los mismos principios que para el *chip*: comenzar desde detrás de la bola, tener en cuenta todos los factores, golpear hacia la imagen del objetivo y ver el golpe del palo sobre la bola. Debéis considerar el *aproach* como un *chip* con un *swing* un poco más largo, para superar la distancia necesaria.

*Al aprochar se separan los pies un poco más que al chipear. El peso está repartido por igual en el interior de los dos pies.*

*La subida es más amplia, y el peso se desplaza hacia el interior del pie derecho.*

*El peso cambia hacia la izquierda en el impacto.*

*Las manos se proyectan hacia el objetivo.*

*La terminación del golpe es alta.*

La diferencia básica entre los dos es que, al contrario que con el *chip*, en que casi todo el peso estaba cargado en el lado izquierdo, el golpe de *aproach* se ejecuta con el peso repartido por igual en la parte interior de cada pie. Los pies deben estar separados cómodamente y el cuerpo un poco "abierto" con respecto a la línea de tiro.

El palo se debe subir despacio y con suavidad mientras se transfiere el peso al lado derecho (para los jugadores diestros). En la bajada, dejad que el peso fluya hacia el lado izquierdo mientras el palo desciende y golpea a la bola lanzándola hacia el objetivo. La prolongación del golpe es algo más larga.

Existe algunos factores adicionales en el *aproach*, como el viento, el terreno, y la colocación de la bola sobre la hierba. No hay que hacer ningún cambio en el *swing* para ayudar a que la bola se levante. Si hay algo cierto en el golf es que si quieres que la bola suba hay que golpearla hacia abajo. Nunca acucharéis la bola ni la ayudéis a elevarse. Como sucede en el *chip*, los padres también debéis repasar el procedimiento de preparación del golpe de *aproach*, mencionando cada paso para que el niño absorba la información mediante la vista y el oído. Poned énfasis en que el *swing* debe ser lento y suave, para destacar una sensación de violencia sin esfuerzo. De esta forma el niño aprenderá que no existe correlación entre golpear la bola con fuerza y la distancia que se alcanza. Es sorprendente lo lejos que puede llegar la bola cuando se la golpea limpiamente; incluso por un niño. Recordad:

⌐ Se aplican los principios del *chip*.

⌐ Distribuid el peso por igual y en la parte interna de cada pie.

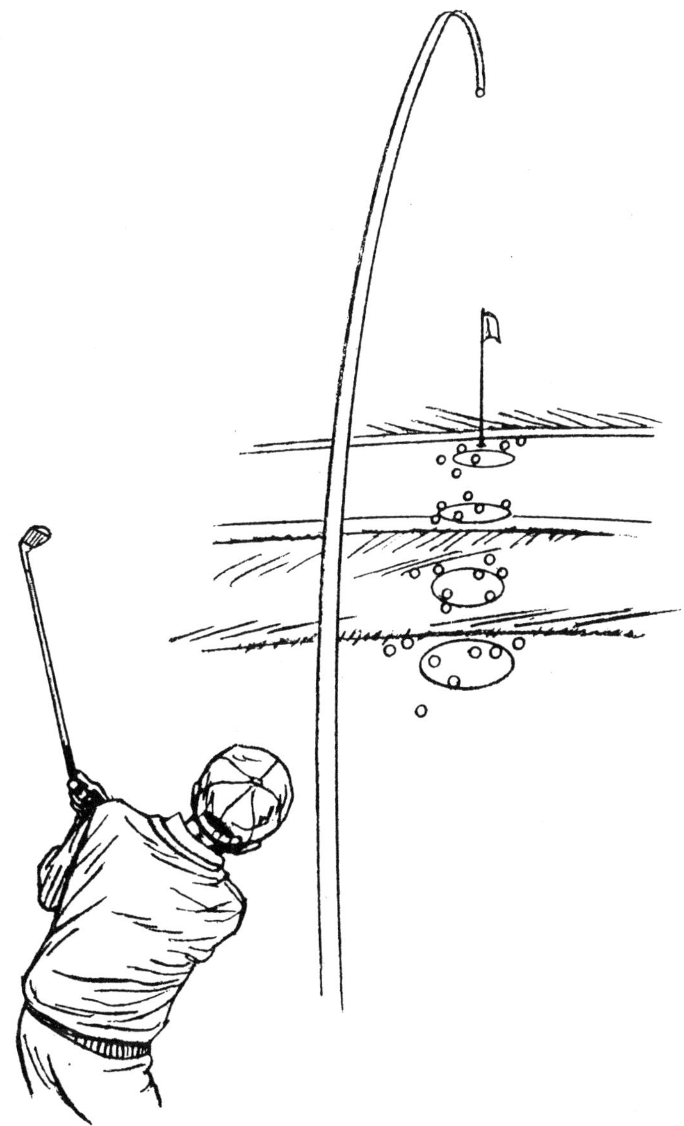

*La forma divertida de aprender es mediante juegos competitivos. Practicad, practicad, practicad.*

⊣ Permitid que el peso se transfiera hacia el lado derecho y luego, en la bajada, hacia el lado izquierdo.

He aquí algunos juegos de *chip* y de *aproach* que servirán para poner a prueba la habilidad de vuestro niño:

⊣ Dibujad un círculo de treinta centímetros de diámetro alrededor de uno de los hoyos del *green* de prácticas. El objetivo es dejar la bola dentro de ese círculo. Podéis incrementar la dificultad del juego cambiando la colocación de la bola, de manera que el golpe sea cuesta arriba o cuesta abajo. También podéis variar la distancia hasta el objetivo. Por ejemplo, practicad por encima de un *bunker.* Esto enseñará al niño a seleccionar el palo adecuado para impulsar la bola lo suficiente para alcanzar el *green* y luego frenarse dentro de ese círculo. En lugar de utilizar un *sand wedge,* que eleva mucho la bola y la hace detenerse pronto, optad por un palo que produzca trayectorias más bajas para que la bola salga rodando. Este último es uno de los mejores métodos para chipear, porque es más fácil controlar la distancia cuando la bola pasa más tiempo por el suelo que por el aire.

Es muy importante hacer entender al niño la importancia de visualizar el punto donde quiere que bote la bola. Un cubo puede servir de ayuda si se coloca en el punto donde queremos botar la bola. Luego pida al niño que bote la bola dentro del cubo, y lleve la cuenta de cuántas bolas mete. Os sorprenderá cómo aumenta el número de aciertos con la práctica. Este juego enseña a controlar la distancia y a visualizar un punto determinado, y aumenta la sensación del niño en los golpes alrededor del *green.*

*Los padres pueden participar en el entrenamiento del juego corto.*

◁ No todo el mundo puede acceder a instalaciones de prácticas, así que conviene sacar el mejor provecho a lo que se tenga. Ahí es donde entra en juego la creatividad. Los padres podéis usar un barreño en el jardín de atrás como instrumento de enseñanza. Llenadlo de agua hasta sus dos terceras partes y colocadlo a unos diez metros de la zona de tiro. Os sugiero que utilicéis una alfombrilla de hierba artificial para no estropear el jardín. El objetivo es chipear la bola hacia el barreño. Es más difícil de lo que parece, porque la bola debe entrar en el barreño en el ángulo adecuado, o se saldrá de él. Ese juego también educa el control de la distancia y de la trayectoria del golpe.

◁ Estableced tres o más objetivos, cada uno a una distancia diferente. No deben mantener una progresión del tipo "cerca-intermedio-lejos"; es mejor mezclarlos: lejos, cerca, intermedio, cerca... Esto hace que el niño deba concentrarse en la distancia para cada golpe.

Cuando Tiger compitió en su primer campeonato de golf, tal y como he mencionado antes, era capaz de pegar la bola a 70 metros con su madera 2,5. También era capaz de jugar con precisión un golpe de *aproach* de 30 ó 35 metros. Sólo tenía dos años y muy pronto se corrió la voz de su habilidad por el Sur de California. Jim Hill, un reportero de la cadena KCBS, afiliada a la CBS, fue el primero en dar una noticia en televisión sobre Tiger. Él y su cámara siguieron a Tiger mientras jugaba el hoyo 1 del campo de la Marina, un par-4 de 370 metros. Yo le había asignado un par-7 para Tiger, porque pensaba que necesitaría cinco golpes para alcanzar el *green*, y dos más para completar el hoyo. Y así fue. Tiger alcanzó el *green* en cinco golpes y le quedó un *pat* de 8 metros para *birdie*. Entonces colocaron la cámara justo detrás del hoyo, sobre el *green*, y Hill le dijo a Tiger, en el más puro estilo televisivo: "¡Métela, Tiger!". La bola salió en dirección al hoyo, pero se detuvo a mitad de camino. Yo no entendía qué había pasado, porque Tiger pateaba a la imagen del hoyo y lo hacía muy bien. Hill le pidió a Tiger que lo intentara de nuevo, pero la bola volvió a quedarse a mitad de camino. Esta vez comprendí que algo no iba bien, así que le pedí al cámara que se colocara a un lado del hoyo. Tiger intentó el golpe por tercera vez, y la bola se detuvo a cinco centímetros del hoyo. Lo que sucedió antes era que Tiger no quería romper la cámara.

# EL *SWING* COMPLETO



○ **Utilización de la mente, parálisis mediante el análisis,
paciencia, comprensión**

El *swing* completo no es más que una prolongación del *swing* de *aproach*, utilizando un arco más amplio. Se aplican los mismos fundamentos: Elegir la empuñadura que uno prefiera, separar los pies cómodamente, y recordar que el *swing* tiene que ser más largo para enviar a la bola más lejos. Poned mucho énfasis en subir el palo despacio y en ver cómo el palo impacta a la bola. No lo hagáis más complicado que eso. Decid al niño que el *swing* de golf es como abrir una puerta y cerrar una puerta. La puerta se abre al subir el palo, y se cierra al bajarlo. Si queréis golpear a la bola con más fuerza, abrid la puerta y luego cerradla de golpe. Esto ayuda a identificar una imagen visual de la realidad del golf.

Otra idea para el *swing* es: "Girar y desgirar". Esta idea reduce el *swing* de golf a su expresión más simple. Uno gira dando la espalda a la bola y luego desgira hacia la bola. Tanto una idea como la otra deberían ayudar a vuestro niño

*Este es el* swing *de golf en su versión más simple: abre la puerta y cierra la puerta. El* swing *comienza rotando la parte superior del tronco. Al desgirar en sentido contrario dotamos al golpe de potencia y dirección. Gira, y desgira.*

a visualizar lo que ocurre en un *swing* de golf completo, sin tener que cargar con montones de detalles técnicos.

Seguro que habéis oído mencionar el término "Parálisis mediante el análisis". Sucede cuando la mente se recarga pensando en las complejidades del *swing* de golf, y se bloquea. La parte de la mente que controla nuestra actividad es la parte consciente, pero es demasiado lenta para controlar el *swing* de golf. Lo que de verdad nos ayuda a hacer el *swing* es nuestro subconsciente. Para comprenderlo mejor intentad recordar la primera vez que intentasteis conducir un coche, en especial si era un coche con palanca de cambios manual. La secuencia era algo así: se pisa el embrague, se cambia de marcha, se suelta el embrague, se pisa el acelera-

*Todos los golpes comienzan desde detrás de la bola. Selecciona un punto delante de la bola al que orientar la cara del palo.*

*Apunta la cara del palo al punto que has seleccionado delante de la bola.*

*Después de colocar el cuerpo de acuerdo con la cara del palo, gira la cabeza para confirmar que la alineación es correcta. Mueve suavemente el palo hacia atrás y hacia adelante.*

*Ahora has apuntado correctamente y la colocación es sólida. Estás
preparado para dar un golpe de golf potente y preciso.*

dor, y al mismo tiempo se conduce el coche. No era fácil. Ahora, años más tarde, os resulta tan natural que ni siquiera pensáis cómo lo hacéis.

El *swing* de golf es lo mismo. El problema llega cuando la mente consciente se activa durante el *swing*. La mente consciente sólo debe estar activa durante la rutina previa a iniciar el *swing*, que es cuando se analizan los factores que afectan al golpe: el viento, la elevación, la colocación de la bola, y todo eso. Hay una forma de armonizar el trabajo entre las partes consciente y subconsciente de la mente, pero es más fácil decirlo que hacerlo. Por eso es por lo que recomiendo enseñar el *swing* de golf utilizando el enfoque más sencillo posible. Si no recargáis la parte consciente de la mente con infinidad de datos antes de hacer el *swing*, le resultará mucho más fácil a vuestro instinto subconsciente tomar el control y ayudaros.

No olvidéis que el *swing* se desarrolla desde el *green* (con el *swing* corto de *pat*) y hacia atrás (hacia el *swing* completo desde el *tee)*. Si lo hacéis así, con el entrenamiento adecuado, con práctica y dedicación, el 95% de las piezas del *swing* de golf estarán encajadas antes de que vuestro niño intente hacer un *swing* completo. Eso es lo ideal, claro, pero la realidad es que vuestro niño querrá empezar a hacer *swing*s mucho antes de llegar a ese punto ideal. ¿Qué es lo que podemos hacer para evitar que el niño desarrolle un *swing* de golf malo?: Animarle constantemente a practicar el juego corto; los golpes de *aproach* y de *chip*. Eso requiere muchísima paciencia y comprensión por vuestra parte, porque el instinto natural nos pide golpear a la bola tan fuerte y tan lejos como nos sea posible.

Tiger siguió un camino distinto hacia el *swing* completo. Mientras estaba sentado en su sillita en el garaje, observán-

*El* swing *de golf se inicia con la colocación y la alineación adecuadas.*
*Mueve el palo para aliviar la tensión.*

*Durante la subida, cuando el palo está paralelo al suelo, la punta de la cara del palo apunta directamente hacia arriba.*

*En lo alto, el palo está paralelo al suelo y apunta a la izquierda del objetivo.*

*Durante la bajada, se transfiere el peso al lado izquierdo. El brazo izquierdo sigue extendido.*

*Con el peso transferido por completo, las manos se liberan para cuadrar la cara del palo al objetivo.*

*Las manos se han "soltado".*

*Los dos brazos están extendidos después del impacto.*

*La terminación es elevada.*

*El cuerpo está en un equilibrio perfecto.*

*Termina el* swing *con el ombligo apuntando al objetivo.* ¡*Buen* swing!

dome dar bolas contra una red, estaba asimilando el *swing* completo y aprendiendo a ejecutarlo. Era como ver ante sí la misma película una y otra vez. El resultado fue que aprendió el *swing* completo antes de aprender a chipear y a patear.

Un día, cuando tenía diez meses, le quité las correas de la silla mientras yo me tomaba un descanso en mi sesión de prácticas. Él gateó hasta donde estaba su pequeño *pat*, caminó con él hasta la zona de tiro, seleccionó una bola, la colocó, y la golpeó contra la red. Yo me quedé tan sorprendido que casi me caí de la silla. Corrí a buscar a su madre y, cuando volvimos al garaje, Tiger ya había seleccionado otra bola y estaba haciendo lo mismo que había visto hacer a su padre, excepto que lo hacía como si fuera zurdo. Tardó dos semanas en darse cuenta de que papá no jugaba desde ese lado de la bola, sino desde el otro.

Un día, cuando estaba a mitad de un *swing*, se paró de golpe, caminó hacia el otro lado de la bola, cambió la empuñadura de zurdo a la de diestro y golpeó a la bola hacia la red como si nada. En aquel momento supe que Tiger era algo especial porque yo nunca le había dicho nada sobre cambiar la empuñadura de zurdo a diestro. Fue un cambio instintivo. Desde entonces el *swing* de Tiger experimentó un desarrollo constante bajo los auspicios de la enseñanza profesional que recibió. Vuestro hijo podría experimentar la misma evolución.

Recordad:

◁ El *swing* completo no es más que una prolongación del *swing* de *aproach*.

◁ Mantenedlo simple.

◁ Abrid la puerta y cerrar la puerta.

◁ Girad y desgirad.

*Cada una de las fotos de esta serie ilustra un punto
de referencia que puedes utilizar para revisar el* swing
*de tu hijo.*

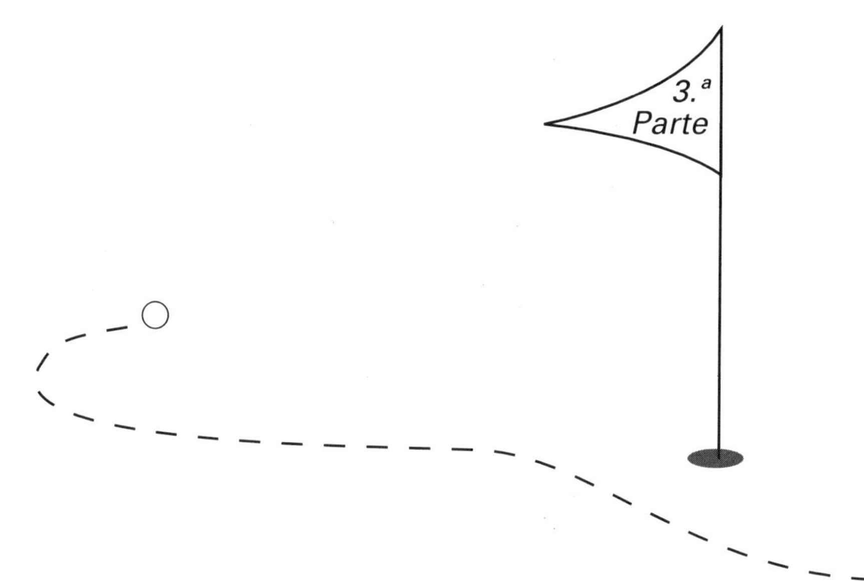



# Lo que hace falta para jugar al golf

# PRACTICAR

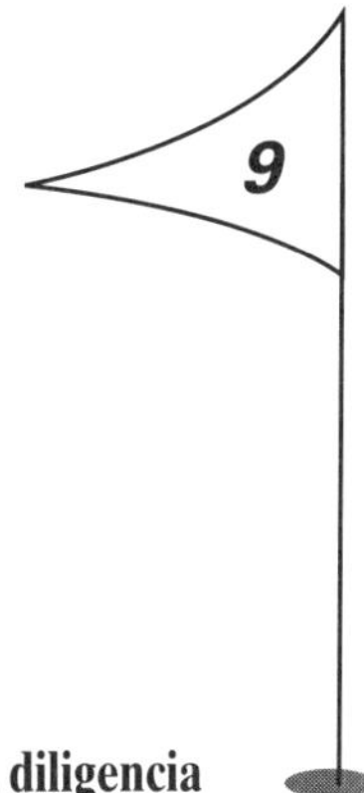



○ **Diversión, deseo, respeto, imaginación, refuerzos, diligencia**

Solamente podréis sacar del golf tanto como le dediquéis. No existen atajos. Desarrollar los fundamentos del juego en vuestro hijo es sólo el principio del viaje hacia el éxito. Es necesario practicar para que el viaje sea lo más fácil posible. El gran profesor Harvey Penick escribió que: "Practicar es un asunto particular. El niño debe hacer lo que prefiera: jugar o practicar". Yo estoy totalmente de acuerdo, pero me gustaría reiterar que el niño sólo conseguirá desarrollar todo su potencial para el golf a través de las sesiones de prácticas. Practicar debe ser divertido, interesante y variado, y sobre todo, debe ser competitivo.

Cuando Tiger tenía dos años se aprendió de memoria mi número de teléfono del trabajo. Cada tarde, una hora antes de que yo terminara de trabajar, me llamaba y me decía: "Papá, ¿puedo practicar hoy contigo?". Yo hacia una pausa durante un rato, lo suficientemente larga como para hacerle temer que papi pudiera decir que no, y le decía que sí, que por supuesto que sí. Entonces él me decía: "Vale papi; te veré en el campo de golf. Le diré a mamá que me lleve". El deseo de practicar debe proceder del niño. Una de las cosas de las que me enorgullezco es de no haber pedido nunca a Tiger, en toda su vida, que fuera a practicar. La motivación debe surgir desde dentro, y se afianza mediante el entendimiento, el respeto y el cariño hacia el golf que seáis capaces de transmitir a vuestro niño.

Pero existen sesiones de prácticas y *buenas* sesiones de

*Tiger: "Papi, puedo ir hoy a practicar contigo?".*
*Papá: "Mmmmm. Vale".*

prácticas. Cada sesión debe tener un propósito; nada de ir al campo de prácticas a tirar bolas sin más. Debería haber un Orden del Día para cada sesión. Preparad un *centro de entrenamiento* colocando tres palos en el suelo: uno que apunte al objetivo, otro paralelo a la línea de tiro, y otro perpendicular a la línea de tiro, entre los pies. Esto le enseñará al niño a alinearse y a ser consciente del objetivo. El palo que apunta al objetivo ayudará al niño a alinear el cuerpo y los hombros hacia la izquierda del objetivo. El palo paralelo a la línea de tiro le ayudará a reforzar la relación entre la cara del palo, que apunta al objetivo, y el cuerpo, que apunta a la izquierda. El palo entre los pies ayudará a establecer el punto donde se debe colocar la bola. El niño aprenderá en seguida que los hierros cortos apuntan en la dirección de la línea de tiro cuando se apoyan más cerca del pie derecho que del izquierdo; y que con los hierros largos y las maderas sucede al revés. Así estableceréis que con cada palo, debido a las características particulares de su fabricación, el jugador debe colocarse a la bola de manera distinta, con la bola más o menos adelantada. Sé que algunos proclaman que debería haber sólo una posición de la bola para todos los palos, pero eso no es natural: se requiere demasiada potencia de piernas para conseguir un contacto sólido. El método que yo utilizo es natural e instintivo, y el niño lo puede asimilar con facilidad.

*Ésta es la preparación típica de un* centro de trabajo *en el campo de* prácticas.

*Los padres podéis ayudar a vuestros hijos comprobando su alineación y a dónde apuntan. No olvidéis una colocación sólida y enérgica.*

Después de aquellas llamadas suplicantes de teléfono del pequeño Tiger, yo le llevaba al campo de golf casi todos los días. Preparábamos su "centro de entrenamiento" y él empezaba a tirar bolas. Lo primero que yo le preguntaba siempre era: "¿Cuál es tu objetivo?".

Él me contestaba: "Aquella palmera de la izquierda"

"¿Cuál de las palmeras?", le insistía yo.

"La tercera desde la izquierda", me decía. Su planteamiento era el correcto. Todos los golpes que deis en toda vuestra vida deben tener un objetivo, o habréis malgastado vuestro esfuerzo. Nunca ejecutéis un golpe sin tener un objetivo claro. El cuerpo humano, en su enfoque natural hacia el golpe, necesita tener siempre algo en lo que concentrarse; cuanto más específico, mejor.

No le superviséis demasiado. Dejad que el niño juegue y que su imaginación se imponga. Os sugiero que coloquéis la bola siempre en un *tee* para aseguraros de que el contacto del palo sea sólido. Eso ayudará al niño a desarrollar su confianza, y la sesión de prácticas será más divertida. Los padres debéis ser lo menos entrometidos posible. Preparad vuestro propio *centro de entrenamiento* y practicad vuestro juego. Si veis que podéis ayudar en algo, hacedlo, pero evitad las críticas. Nunca hagáis comentarios negativos. Es mucho más eficaz el refuerzo positivo, como, por ejemplo: "Creo que pegarías mejor a la bola si te la colocaras un poco más hacia el pie derecho". Haced sugerencias, no deis órdenes. Tanto el niño como tú estáis ahí para divertiros. Y mientras os divertís aprendéis el *swing* de golf. Para hacerlo más interesante, intentad ser competitivos. Por ejemplo, empezad por: "¿Cuál es tu objetivo?".

"La señal de 50 metros."

"Pues a ver quién deja la bola más cerca de esa señal."

"Vale; diez bolas."

Gana el que deje la bola más cerca más veces. Esto es pura competición. No existe ninguna otra recompensa que la satisfacción de ganar. No animéis a vuestro hijo a apostar;

*El objetivo debe ser tan específico como sea posible: una de las tres banderas. Cada* swing *durante la sesión de prácticas debe tener un objetivo. Siempre se debe utilizar un* centro de trabajo. *Sirve para reforzar la alineación y la posición de la bola.*

la competición debe ser suficiente. Podéis variar los objetivos y también el juego: tres bolas, cinco bolas, etcétera. Dejad que la imaginación os guíe. Como padres, estáis ahí para reforzar varias cosas:

⏗ La alineación.

⏗ El *swing*.

◁ El objetivo en cada golpe.

◁ La diversión.

◁ La competición.

*También se pueden colocar* centros de trabajo *en el* bunker *para practicar el golpe desde la arena. Aquí se demuestra la técnica correcta: los pies están abiertos respecto a la línea de tiro; el peso está en el lado izquierdo; los brazos cuelgan y mantienen abierta la cara del palo. Mantén la cabeza inmóvil.*

*Sube el palo despacio e impacta la cara del palo en la arena unos siete o diez centímetros detrás de la bola. No intentes ayudar a la bola a subir; la arena se encargará de eso.*

*La prolongación del golpe es tan larga como la subida del palo hacia atrás, y proporcional a la distancia que quieres alcanzar.*

*Mantén el equilibrio.*

A medida que vuestro hijo se haga mayor y mejore su juego debéis animarle a maniobrar la bola. Esto significa jugar la bola a propósito de derecha a izquierda, o de izquierda a derecha, alta, baja, contra el viento..., utilizando una variedad de técnicas que permitan llevar la bola a un mismo objetivo empleando métodos y direcciones diferentes. Ése es el primer paso para ayudarle a inventar golpes: ser capaz de manipular el vuelo y la dirección de la bola cuando se lo pidáis.

A Tiger le fascinaba mi hierro 1 cuando era pequeño, y siempre intentaba hacer el *swing* con él. Pero como el palo era tan largo y tan cerrado, sólo conseguía que la bola saliera rodando a trompicones. El palo era más largo que él. Él me decía: "Papi, algún día seré capaz de jugar este palo", y yo le contestaba: "Hijo, algún día serás el mejor jugador del mundo con los hierros largos. Este palo siempre será tu amigo".

Más tarde, cuando creció y empezamos a jugar a inventar golpes maniobrando la bola de derecha a izquierda, desarrolló su habilidad para jugar el hierro 1. Apuntaba a la red de la derecha de la cancha de prácticas y hacía que la bola volara por encima de esa valla, girara hacia la izquierda, volviera por encima de la valla y aterrizara en el centro del campo de practicas. Él llamaba a ese golpe su *"hook* deliberado". Tiger empleó ese golpe en el Campeonato *Amateur* de los Estados Unidos de 1994 cuando, viniendo desde atrás y con la bola entre unos árboles, la "hookeó" desde allí haciendo que botara en el centro de la calle y rodara hasta el *green*, para disgusto de sus contrarios.

Los campeones se fabrican en el campo de prácticas. Practicad, practicad, practicad. Si al final de cada sesión de prácticas os podéis marchar de la cancha cogidos de la mano y discutiendo sobre quién ganó más veces, os aseguro que es una sensación cálida y maravillosa.

# Otras formas de ayudar a vuestro hijo a practicar y a desarrollar el *swing*

*Sujeta el palo ligeramente para ayudarle a subirlo "en una pieza".*

*Tu brazo se asegura de que la subida del palo sigue la trayectoria correcta. Nota que hasta este momento no ha habido ningún movimiento de las manos.*

*Ayuda a tu hijo a conseguir la posición adecuada en lo alto del swing. El palo debe estar paralelo al suelo y a la línea de tiro (en el swing completo con el driver). Repítelo hasta que consiga la posición correcta varias veces.*

*En lo alto del* swing *el palo está paralelo al suelo y a la línea de tiro. Notad cómo la sombra del palo es vertical; eso indica que ha conseguido las dos cosas.*

# PENSAR MIENTRAS JUEGAS

○ **Estrategia, fuerza mental, alternativas, comunicación, entrenamiento, cariño difícil**

Cuando Tiger tenía dos años, me prometí hacer dos contribuciones muy especiales a su juego: su planificación del juego en el campo y su fuerza mental. Esta última como prolongación de mi desarrollo y de mis años como Boina Verde. ¿Qué es la planificación del juego en el campo? En pocas palabras, es la forma en que planificas y diriges tu estrategia en el campo de golf. Por ejemplo, ¿eres de los que llega a la bola y la golpea sin más, o te detienes durante un instante para mirar a tu alrededor, y determinas que hay otros factores que afectan a tu golpe, como el viento, la colocación, el objetivo y el espesor de la hierba? Todos estos factores dan lugar a un análisis que debe tener lugar antes siquiera de seleccionar el palo.

Yo aleccioné a Tiger sobre la estrategia del juego en el campo de la siguiente manera: Un día, cuando Tiger tenía dos años, estábamos en el hoyo 2 del campo de la Marina. Su bola había ido a parar a los árboles a la derecha de este par-4 corto, y le pregunté: "¿Qué vas a hacer Tiger?". Él me miró y me dijo:

"Papi, no puedo pegar a la bola por encima de los árboles. Son muy altos."

"Bien, entonces, ¿qué vas a hacer?"

"Podría jugar entre los árboles. Pero tengo que tirarla muy baja. Y hay una trampa de *adena* muy grande."

"Muy bien, ¿qué más podrías hacer?"

Él miró hacia la izquierda y dijo:

"Podría jugar la bola hacia la calle; luego, dar el golpe siguiente hacia el *green* y hacer el par con un *pat.*"

Yo le dije: "Hijo, eso se llama planificar el juego."

Él solo había identificado y evaluado sus alternativas y había elegido aquella que tenía más posibilidades de éxito. Así que, como veis, no hace falta ser un genio. Todo lo que hace falta es utilizar el sentido común e intentar hacerlo lo mejor que se pueda, y dar a cada golpe la mejor oportunidad posible de éxito después de considerar todos los factores que entren en juego.

Una parte importante de la planificación del juego es saber con antelación qué piensas hacer en cada hoyo. Esto se llama "Plan de juego". Durante las vueltas de prácticas en los entrenamientos, Tiger y yo preparábamos cada uno un plan de ataque para cada hoyo. Este plan incluía evaluar el grado de dificultad del hoyo, qué palo utilizar para el golpe de salida, dónde queríamos poner ese golpe, y otros factores que aparentemente resultaban obvios. Al terminar nos sentábamos y comparábamos nuestras notas. Por ejemplo, en el hoyo 1, un par-4 de 380 metros, mi plan de juego decía que él debía jugar el *drive* hacia el lado derecho de la calle con efecto de *draw* superando el *bunker* de la izquierda. De esa forma la bola quedaría en el lugar adecuado para atacar el *green* por su lado derecho porque había un *bunker* muy grande en el lado izquierdo. Su plan para ese hoyo requería una madera 3 hacia el lado derecho de la calle, para jugar desde allí un hierro corto o medio al *green*.

Después de comentarlo entre nosotros, él adoptaba alguno de los dos planes, o algún otro en el que nos pusiéramos de acuerdo. Luego, en el campo, la estrategia puede variar en que, si el viento nos da en la espalda utilicemos la madera 3, pero si el viento viene de cara utilicemos el *driver.* Eso afectaría también al segundo golpe, pero el principio es el mismo: tener un plan sobre cómo jugar cada hoyo antes incluso de llegar allí. Ése es el objetivo. Te permite el lujo de no tener que tomar una decisión cada vez que llegas a un *tee;* así tienes la comodidad de poder hacer pequeños ajustes. Esto se repite para cada hoyo, incluidos los pares-3. Y recordad que un plan de juego no es provechoso si no se sigue.

Cuando Tiger tenía ocho años jugó el Campeonato *Match-Play* de la asociación *junior* del Sur de California. Yo le seguía mientras Tiger iba dos arriba gracias a haber conseguido dos *birdies* en los primeros cuatro hoyos. En el quinto hoyo, su contrario, que había ganado el hoyo anterior, sacó el *driver* y envió su bola a los árboles de la izquierda. Tiger sacó también su *driver* y lanzó la bola a los árboles de la derecha. Yo me pregunté: "¿Qué está haciendo?".

Al terminar el partido, que Tiger ganó por cuatro arriba a falta de tres hoyos, le pregunté: "¿Por qué jugaste el *drive* en el hoyo 5, después de que tu contrario se había ido a los árboles?". Él me contestó: "Porque iba dos bajo par y quería ponerme tres bajo par".

"Hijo, así no es como se juega a *match-play*", le dije. Él, con su infinita sabiduría, me miró a los ojos y dijo con inocencia: "Papá, no me has enseñado a jugar a *match-play*". Era verdad, así que le dije: "Hijo, este otoño te haré pasar por la *Escuela de Acabado Woods*".

"¡Bien!", dijo él.

Poco se imaginaba por lo que iba a pasar.

Mi plan era hacer pasar a Tiger por un entrenamiento riguroso en dureza mental. Pero antes de empezar, creí que era necesario establecer algunas reglas básicas: Si en algún momento él quería dar por terminado el entrenamiento, sólo tenía que decir una palabra clave que habíamos acordado. Segundo, no habría ninguna otra regla; valdría todo, y él no podría protestar por lo que yo le hiciera.

*La estrategia de juego es pensar en cómo jugar cada golpe en el campo. Planifica antes de ejecutar.*

Este plan puede no funcionar con todos los niños. Debéis conocer la predisposición y el nivel de tolerancia de vuestro niño. El tipo de entrenamiento por el que hice pasar a Tiger podría ser contraproducente y provocar rechazo en vuestro niño. Así que no lo recomiendo para todos los padres. Tiger y yo tenemos una relación personal muy fuerte basada en la confianza y en el respeto mutuos desarrollados a lo largo de los años. Si no fuera así, no habría considerado hacer pasar a Tiger por este tipo de entrenamiento.

Con Tiger yo no tenía ninguna duda. Le conocía bien y sabía cuánto era capaz de aguantar. Así que utilicé todos y cada uno de los trucos sucios, desagradables, pendencieros y odiosos que me sabía, semana tras semana. Por ejemplo, dejaba caer una bolsa de palos en el momento del impacto de su *swing*, o imitaba el sonido de una urraca mientras él jugaba un *pat*, o le tiraba un bola por delante de su campo de visión cuando estaba a punto de jugar un golpe. Me colocaba donde él pudiera verme y me movía cuando iba a jugar. Tosía mientras él subía el palo hacia atrás. Le decía cosas como: "Ten cuidado no la vayas a tirar al agua". Ése era el tipo de cosas que le hacía. En otras palabras, jugaba con su mente, y él no tenía permiso para protestar. Algunas veces se enfadaba tanto conmigo que detenía el palo en la bajada, justo antes de golpear a la bola, se giraba y me miraba intensamente porque yo había dejado caer al suelo la bolsa de palos. Él apretaba los dientes y levantaba la vista, y entonces yo le decía: "No me mires. ¿Vas a pegar a la bola, o no?". Le enseñé todos los trucos posibles que podían utilizar con él sus contrarios en *match-play,* y otros que me inventé yo. Incluso a veces (y no estoy orgulloso de esto), le hice trampas para ver cómo reaccionaba. Porque al fin y al cabo, en algún momento, alguien se las iba a hacer. ¿Cómo le hacía trampas? Pues, por ejemplo, levantaba la bola en el *green* con la mano derecha mientras colocaba la marca con la mano izquierda medio metro más cerca del hoyo. Él sabía que le estaba haciendo trampas, pero recordad que no tenía permiso para protestar.

Durante la "Escuela de Acabado" expuse a Tiger a todos los trucos enrevesados, diabólicos e insidiosos que cualquier futuro contrario podía hacerle, y ni una sola vez dijo la palabra clave. Más tarde me confesó que había sido la experiencia más difícil de su vida. Algunas veces se había enfadado tanto conmigo que había pensado en romper los palos. Pero nunca se olvidó de que esto era para su bien, aunque no habría deseado este tipo de entrenamiento para ningún otro ser humano. Debo reconocer que también fue muy duro para mí. Algunas de las cosas que le hice no me llenaron de orgullo ni de satisfacción.

Pero Tiger aprendió y se hizo muy duro mentalmente. Le aseguré que en toda su vida no encontraría un rival tan duro como él. El resultado queda demostrado con su palmarés de *match-play* en las competiciones de la Asociación de Golf de los Estados Unidos: ha ganado 36 partidos y ha perdido 3. Ha ganado tres Campeonatos *Junior* consecutivos y tres Campeonatos absolutos consecutivos. Ha ganado en el hoyo 18; ha ganado en el primer hoyo del desempate; ha ganado partidos en los que iba seis abajo. Y todo esto es fruto de su dureza mental.

# NORMAS DE ETIQUETA, COSTUMBRES Y TRADICIONES, REGLAS Y NORMAS

**11**

○ **Conducta aceptable o inaceptable, integridad, conocimiento, conformidad, honestidad**

Cada deporte tiene sus reglas de etiqueta no escritas que distinguen de manera informal el comportamiento aceptable del inaceptable. Por ejemplo, en el baloncesto es una costumbre habitual entre los espectadores hacer todo lo posible para distraer a los jugadores del equipo visitante mientras lanzan tiros libres. En el golf, sin embargo, una conducta así sería inaceptable. Para ayudaros a enseñar a vuestro hijo a no pasar momentos de vergüenza en el campo de golf, he identificado algunas reglas de etiqueta:

◁ Nunca corráis en el *green*.

◁ Nunca piséis la línea de juego de otro jugador.

◁ Permaneced parados mientras otro jugador ejecuta un golpe.

⇥ Estad siempre listos para jugar cuando sea vuestro turno.

⇥ Manteneos fuera del campo de visión de otros jugadores cuando estén preparados para jugar.

⇥ Reparad el pique de vuestra bola y de otras bolas cuando lleguéis al *green*. Dejad siempre el campo en mejores condiciones de lo que lo habéis encontrado.

⇥ Identificad vuestra bola con una marca inequívoca.

⇥ Evitad el juego lento. Seguid el ritmo del grupo delante del vuestro, no el de detrás.

⇥ Dad siempre la mano a vuestros contrarios o compañeros de juego al terminar el recorrido.

⇥ Gritad siempre: ¡Cuidado!, si veis que vuestro golpe puede poner en peligro a otros.

⇥ Si oís: ¡Cuidado!, cubríos la cabeza con las manos. No echéis a correr.

⇥ En el golf sólo tienes una oportunidad. No existen segundas oportunidades *(mulligans)*.

⇥ Haced sólo uno o dos *swings* de prácticas.

⇥ Evitad perder la bola. Seguid su vuelo hasta que se pare, y marcad su localización con algún punto de referencia natural para que sea más fácil encontrarla.

⇥ Si estáis jugando despacio, dejad que el siguiente grupo os adelante.

⇥ Reponed todas las "chuletas".

⇥ Rastrillad los *bunkers*.

⌐ Mantened los carros y bolsas fuera del *green*.

⌐ Cuando todos los jugadores terminen de jugar, reponed la bandera con cuidado para evitar dañar los bordes del hoyo.

⌐ Abandonad el *green* inmediatamente y marcad la tarjeta más tarde.

⌐ Nunca tiréis un palo.

⌐ Elogiad los golpes buenos de vuestros compañeros de partido. Practicad la deportividad y disfrutad del juego.

El golf es el único deporte sin árbitros que existe. Se supone que cada uno debe aplicarse la penalidad que le corresponda cuando infrinja una regla. Es muy importante que los padres transmitáis lo importantes que son la honestidad y la integridad, porque son el alma del juego. Las reglas del golf están basadas en la integridad y en la conducta caballerosa, con un toque de sentido común. Si las practicas, incrementarás de forma inconmensurable tu disfrute del juego. Sería contraproducente para mí reproducir las reglas del golf en estas páginas, pero he aquí algunos ejemplos:

⌐ Debe jugar primero la persona cuya bola esté más lejos del hoyo.

⌐ Marcad siempre la posición de la bola en el *green* con una moneda o algo parecido. Colocad la moneda directamente detrás de la bola por el lado que esté más lejos del hoyo.

⌐ El procedimiento adecuado para desplazar la bola en el *green* y apartarla de la línea de juego de otros jugadores es marcarla con un moneda y luego alinear la cabeza del *pat* desde la marca con algún objeto identificable, como un árbol o el extremo de un *bunker*. Levantad entonces la moneda y colocadla al otro extremo de la cabeza del *pat*. Sólo hay una forma correcta de hacerlo. Y no olvidéis invertir el procedimiento cuando os llegue el turno de patear. Nunca toméis referencia de la distancia desde la bola, sino desde la marca que hayáis puesto en el *green*.

◁ Si enviáis una bola fuera de límites, debéis jugar una segunda bola desde donde jugasteis, apuntaros un golpe de penalidad y contar el primer golpe. En otras palabras, jugaréis el tercer golpe.

Entender, apreciar y conocer las normas de etiqueta, las costumbres y las reglas del golf os facilitará mucho el ayudar a que vuestro hijo disfrute del juego y de la vida.

# LA HORA DE COMPETIR

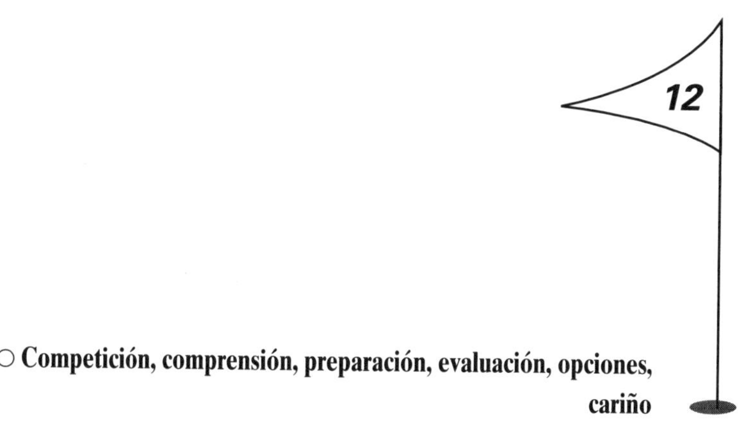



○ **Competición, comprensión, preparación, evaluación, opciones, cariño**

Ya habéis creado un monstruo, un monstruo ansioso de competir y de pavonearse. Papás, mamás, tengo buenas noticias para vosotros. Vuestro niño ya no os necesita tanto. Lo que quiere ahora más que nada es la gran "C": Competir. Ya sé que os habéis pasado los últimos X años trabajando diligentemente para desarrollar ese talento, pero la prueba decisiva está en competir con otros golfistas.

No tiene nada que ver con vosotros. Es la necesidad de cualquier ave de ejercitar sus alas y salir volando del nido. ¿Y cómo sabréis que ha llegado el momento? No existe ninguna clave, ni ningún momento mejor que otro. Tampoco hace falta que lo sepáis porque el niño sí lo sabrá, y como cualquier papá o mamá-pájaro orgullosos debéis aceptarlo y animarle cuando llegue el momento.

Ese momento llegó tan rápido en el caso de Tiger, que casi me cogió desprevenido. Casi. Debido a nuestro *status* socioeconómico, yo sabía que no podía hacerme socio de ningún club. Por tanto había preparado planes alternativos. ¿Cuál podría ser la mejor forma de que un padre de clase media le diera a su  hijo la oportunidad de jugar al golf en algunos de los mejores campos de California? La respuesta eran las asociaciones de golf para *juniors*. Por suerte para nosotros, en la zona del Sur de California se encuentra uno de los mejores programas de golf del mundo para *juniors:* la Asociación de Golf Junior del Sur de California (SCJGA). Esta Asociación organiza competiciones de golf de un día de duración, durante los meses de verano, en algunos de los clubes más exclusivos. Esto encajaba perfectamente en mi plan maestro para que Tiger creciera y desarrollara su juego en los campos de golf de mayor calibre. Mi pequeño hombrecito se afilió a la SCJGA cuando tenía cuatro años. La categoría de edad más baja era la de menores de diez años, y él competía en esa categoría, sin *handicap,* contra niños mucho mayores que él. Casi al mismo tiempo le echaron del club de golf de la Marina por ser demasiado joven, a pesar de tener certifi-

*Miembros del club* junior *del campo de golf de Heartwell esperan su turno de salir un sábado.*

*Tiger juega desde el* tee *en el Optimist International Junior World, en San Diego.*

cados de juego firmados por tres profesionales de la PGA. Así que se afilió a la Asociación de Golf Junior del Heartwell Golf Park, en Long Beach. Esto también le permitía jugar un torneo allí cada sábado del año. Era como una prolongación de las competiciones que ofrecía la SCJGA, que se jugaban de lunes a viernes sólo durante los meses de verano.

Tiger tardó cuatro torneos en ganar su primera competición de nueve hoyos. Fue en Yorba Linda Country Club, y estaba como en éxtasis. El jovencito al que ganó tenía diez años y le costó mucho trabajo asimilar la derrota. Tiger se tomó la victoria como algo que ya esperaba. Él sabía intuitivamente lo bueno que era. Aquella fue la primera de muchas victorias en Heartwell y en la SCJGA.

Vosotros debéis investigar en la zona donde vivís y buscar las organizaciones y las instalaciones que hay disponibles para vuestro niño. Si sois socios de algún club, es posible que ya tengáis cubiertas vuestras necesidades, pero para los que no sois socios de ninguno es muy importante tener a mano toda la información y las solicitudes para el día en que vuestro niño os haga notar su afán por competir. En las páginas amarillas no encontraréis la respuesta a con quién debéis hablar o dónde debéis ir. Tendréis que hacer el trabajo sucio vosotros mismos. Hablad con los jugadores profesionales de vuestra ciudad y obtened la información sobre cualquier tipo de clubes para niños o de organizaciones que funcionen por ahí; conseguid las solicitudes, rellenadlas, tened los che-

*Un guerrero orgulloso de la Asociación de Golf Junior del Sur de California acepta su trofeo como primer clasificado en la categoría de menores de ocho años en el Knollwood Golf Course.*

ques preparados y dirigíos a ellas cuando llegue el momento.

Cada ciudad de los Estados Unidos tiene distintas organizaciones. Lo que necesitáis es una organización bien dotada, responsable, bien organizada, que se preocupe y que tenga competiciones en categorías que encajen con la edad de vuestro niño. Nunca obliguéis a vuestro hijo a competir en categorías de edad demasiado avanzadas para su desarrollo.

*Un veterano ante los medios de comunicación, con sólo cinco años.*

Tiger era una excepción. La mente de un niño es una cosa muy frágil, y a ningún niño le gusta que le estén dando "palizas" todo el día; quiere tener al menos una oportunidad justa de ganar. Así que si la organización no tiene una categoría para los menores de diez años, y vuestro hijo tiene, digamos, seis años, no le pongáis con los de once años porque podría causarle un daño irreparable e innecesario como persona y como golfista. Utilizad el sentido común. Seguid vuestro instinto. La naturaleza os ayudará a hacerlo lo mejor que podáis. Si tenéis un problema, buscad ayuda. Puede que haya otros padres en vuestro barrio que tengan experiencia e información.

Como dije antes, educar a vuestro hijo es un esfuerzo en común de toda la familia. El golf no es ninguna excepción. También mi mujer estaba preparada cuando Tiger empezó a jugar competiciones a los cuatro años. Como haría cualquier otra madre de las "ligas infantiles" de otros deportes, ella le

*Los padres pueden participar de muchas maneras.*

*Algunas veces, madrugar para ir a jugar es duro tanto para los padres como para los niños.*

inscribía y le llevaba en coche a todos los torneos durante el verano. Todavía recuerdo abrir un ojo a las cuatro de la mañana, cuando ella y Tiger se preparaban para marcharse a un torneo de nueve hoyos en un campo a una hora y media de camino. Él nunca se quejaba cuando sonaba el despertador. Se levantaba como un pequeño recluta, se lavaba los dientes, se lavaba la cara y las manos, se vestía solo y se preparaba para la batalla. Lo último que les oía decir mientras me volvía a dormir era: "Tiger, no te olvides la almohada para poder dormir en el coche".

Mamá pensaba en todo. Era desde la jefa de cocina hasta la encargada de lavar los platos. Había que ver cómo se involucró en el golf *junior*. Ejercía de marcadora oficial, de jefa de animadoras y de intérprete de las reglas para cualquier grupo en el que estuviera Tiger. Tenía mucho mérito. Era imparcial animando a todos, pero parecía más dura con

Tiger cuando él, inevitablemente, hacía un poco el tonto. Entonces ella le decía con toda frialdad: "Tiger, ¿qué estas haciendo?".

En los campeonatos *junior* no se permite a los padres hablar a los niños, pero ella entendía que esa norma era sólo para los demás padres. De verdad; ella animaba por igual a todos los niños: no era beligerante ni perjudicial, y los niños la respetaban y la querían muchísimo. Los niños siempre saben cuándo una persona se preocupa por ellos de verdad. Mamá desarrolló sus tareas de voluntaria a la maravilla, hasta que Tiger cumplió trece años. Yo ya me había anticipado a su desarrollo y planeé mi jubilación anticipada de la empresa McDonnell-Douglas, y desde entonces me encargué de la responsabilidad de llevar a Tiger a los torneos no sólo locales, sino nacionales.

Para asegurarme de que no se metiera en demasiados torneos que estuvieran muy por encima de sus posibilidades, le dejé elegir participar en un torneo nacional importante que él eligiera. Él escogió el "Big I", patrocinado por la Independent Insurance Agents of America. La opción de permitirle avanzar a las competicio-

*Tiger conoció a Jack Nicklaus en el Belaire Country Club, durante una exhibición.*

nes de nivel nacional fue muy fácil para mí, porque Tiger había demostrado claramente su superioridad sobre todos los jugadores locales de talento en su categoría de edad. De hecho, nadie le ganó con doce años.

Puede que vuestra opción no sea tan sencilla. Os recomiendo que pidáis a algún profesional en quien confiéis que examine las posibilidades de vuestro niño antes de optar definitivamente por la competición nacional, ya que

*El autor se toma un descanso durante un día agotador de competición.*

las categorías de edad en las competiciones locales se extienden hasta los dieciocho años, por lo que en realidad siempre tenéis mucho tiempo por delante. El caso es no forzar a vuestro niño hacia un nivel de competición para el cual no esté preparado física o mentalmente. Hay mucho tiempo.

Hay varias organizaciones a las que os podéis asociar para competir a nivel nacional. La primera que os recomiendo es la Asociación Americana de Golf Junior (AJGA), que tiene categorías de 13 a 14 años, y de 15 a 18. Esta organización extiende además el límite de edad de los *junior* hasta los 19 años para facilitar a sus afiliados el que sigan jugando hasta entrar en la universidad. La AJGA tiene como fin el proporcionar a sus asociados la posibilidad de competir a nivel nacional y darles a conocer a los entrenadores de universidades grandes y pequeñas.

También disponen de campamento de golf y cursos para ayudar a los niños a refinar su juego y a prepararles para la competición. Algunas ofrecen becas para ayudar a los padres a cubrir los costes. La revista *Golf Digest* publica todos los años una lista extensa de campamentos de golf para *juniors* y de cursos en cada región de los Estados Unidos. La lista de 1996 apareció en el mes de abril y se puede obtener llamando a la revista.

También existen montones de organizaciones *junior* por todo el país. Una de ellas, en particular, está orientada hacia minorías raciales y niños desfavorecidos, es el Programa Junior de Golf del Circuito Femenino Profesional. Este programa nació en Los Ángeles y ya se ha extendido hacia Portland, Detroit y Wilmington. El número al que podéis llamar si queréis más información sobre este programa y sobre los Cursos Junior y el Club de Golf de Niñas es el (07-1) 904 254 8800.

Cada día surgen más cursos de golf para juniors. Y seguro que hay uno en vuestra zona. Pero tenéis que estar alerta y revisarlos bien antes de inscribir en ellos a vuestro hijo.

Ser socio de la AJGA es muy sencillo. Telefonead a la base central (07-1) 770 998 4653, solicitad un formulario de inscripción, rellenadlo y enviadlo. El coste anual es de 70 dólares. También hay un precio de inscripción de 95 dólares por cada torneo en el que participen. La admisión para las competiciones requiere superar un proceso de selección por parte de un comité de competición de la AJGA. También hay torneos de clasificación (de un día de duración) para dar la oportunidad de participar a aquellos que no hayan superado el proceso de selección. La AJGA está estudiando en la actualidad establecer torneos regionales de dos días de duración al margen de los torneos que organiza habitualmente. Dividirían los Estados Unidos en cinco regiones, y así darían la oportunidad de participar a los *junior* a un coste más bajo. Es posible obtener más información sobre la AJGA escribiendo a la siguiente dirección: 2415 Steeplechase Lane, Roswell, Georgia 30076, EE.UU.

Tiger consiguió muchos triunfos durante su desarrollo a través de la AJGA. También le seleccionaron varias veces para el equipo de los mejores del país y ganó dos títulos "Rolex" al Mejor Jugador del Año. Su éxito a nivel nacional atrajo la atención de los entrenadores de varias universidades, y Tiger recibió una beca para estudiar y jugar en la Universidad de Stanford.

Cuando Tiger jugó su último torneo de la AJGA en Castle Rock, Colorado, me di cuenta de que ya había llegado para él el momento de competir al máximo nivel *amateur*. Sus resultados fueron espantosos, su actitud era de indiferencia, y por primera vez se limitó a jugar sin más. Su instinto competitivo parecía haber desaparecido. Me di cuenta de que ya había superado la fase de la AJGA, y que era el momento de seguir adelante.

*El ganador del Campeonato Nacional de 1993, sosteniendo orgulloso su trofeo.*

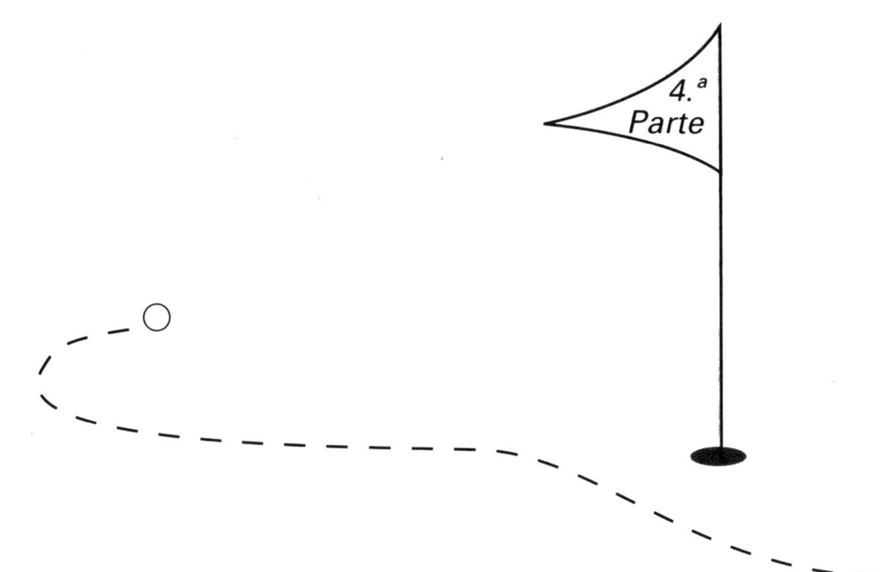


# Dejarles marchar

# EL MOMENTO DE BUSCAR AYUDA

**13**

○ **Orientación, objetividad, conocimientos, comprensión, ayuda, perseverancia**

Como os he dicho, no soy jugador profesional. Este libro no es ninguna panacea de lecciones llenas de detalles sobre el *swing* de golf. Hay muchos otros que están mucho mejor preparados que yo para enseñar el *swing* de golf. Pero el hecho de que vosotros o yo no seamos jugadores profesionales no nos descalifica como entrenadores tempranos de nuestro pequeño campeón. Deberíais autoevaluaros para determinar hasta dónde llegan vuestros conocimientos y cuándo debéis poner a vuestro niño en manos de un profesional. Sed honestos y objetivos. Buscar ayuda no es ninguna señal de fracaso, sino más bien el reconocimiento de lo que hace falta para conseguir el éxito. El siguiente paso es comprobar que habéis hecho todo lo que erais capaces de hacer vosotros solos. ¿Significa esto el fin de vuestra participación? No. Sólo es el siguiente paso en el desarrollo de vuestro niño, y debería ser una experiencia de aprendizaje maravillosa para los dos.

Por eso es muy importante escoger a un profesional que sea compatible con vuestro personalidad, con la de vuestro hijo y con la metodología que habéis estado aplicando con el niño. Mirad bien a vuestro alrededor. Preguntad. Consultad con otros padres. Consultad con otros jugadores. Consultad a vuestra asociación local de profesionales. Y no os quedéis con un solo nombre; conseguid varios y entrevistadlos. Al fin y al cabo estáis poniendo en sus manos vuestra pertenencia más querida: vuestro niño.

Cuando Tiger cumplió 4 años, me di cuenta de que tenía tanto talento que necesitaba los servicios de un profesional para acelerar su desarrollo. Así que lo puse en manos de Rudy Duran, el profesional de Heartwell Golf Park. Rudy era un antiguo jugador del circuito profesional, afable y con una excelente reputación como profesor, con especial interés en los *juniors*. Pero lo más primordial en mi decisión al escoger al nuevo mentor de Tiger fue mi decisión de apartarme a un lado y dejar a los dos desarrollar una relación de trabajo. El apoyo es mucho más productivo que la interferencia.

Rudy trabajó con Tiger en los aspectos técnicos del *swing* y reforzó los primeros conceptos que yo le había enseñado. Entre los dos había una relación de admiración y respeto mutuos. Seis años más tarde, Rudy se marchó a trabajar al Chalk Mountain Golf Club, en Atascadero, y aunque yo había estado completamente involucrado en la educación de Tiger en el golf, la marcha de Rudy le dejó un vacío muy grande.

A lo largo de los años yo había ido estableciendo contactos con muchos profesores en los mejores clubes del Sur de

California, gracias a la participación de Tiger en los torneos que los profesionales de esos clubes organizaban para la SCJGA. Contacté con cada uno de ellos y les expliqué la situación. Todos conocían a Tiger y su habilidad para el golf, y entre todos fueron destacando un nombre: el de John Anselmo, director de la Escuela del Meadowlark Golf en Huntington Beach.

*El trofeo del campeonato Nacional Amateur de la USGA.*

*Tiger recibe la llave de la ciudad de Cypress, California, durante la celebración organizada por la ciudad para honrar al campeón nacional* amateur *de 1994.*

*Tiger, delante de la "Pared de la Fama", comparte su trofeo del Campeonato Nacional Amateur con su entrenador del colegio, Don Crosby.*

A uno de esos profesores amigos míos, Ray Oakes, le hacía tanta ilusión la posibilidad de ser el nuevo profesor de Tiger que se prestó a servir de intermediario y a contactar directamente con John para organizar una cita conmigo y discutir la propuesta. Como quiera que yo ya sentía el máximo respeto hacia John y hacia sus métodos de enseñanza, no fue nada difícil aceptarle como nuevo profesor de Tiger.

En cualquier caso, no olvidéis, padres, que no se trata de vuestro profesor, sino del profesor de vuestro hijo, así que el siguiente paso fue lograr la aceptación de Tiger. Él también conocía bien a John, y le aceptó en seguida como su nuevo profesor. Formaron un lazo maravilloso, y John enseñó a Tiger desde los diez hasta los dieciocho años. Tiger trabaja ahora con el superprofesor Butch Harmon, que vive en Houston, y cuya experiencia ha beneficiado también a varios profesionales del circuito, incluido Greg Norman. La química entre Butch y Tiger fue inmediata, y se hace patente en algunos de los golpes más espectaculares de Tiger.

Uno de ellos llegó durante el centenario del Campeonato *Amateur* en el Newport Country Club, en Newport, Rhode Island. Tiger, que participaba como defensor del título, había tenido que superar partidos muy difíciles para llegar a la final. Como era nuestra costumbre, él y yo habíamos examinado su estado de juego y estábamos de acuerdo en que si tenía un punto débil era en su habilidad para calcular la distancia con sus hierros medios. Butch y Tiger habían trabajado para corregir el problema, y el trabajo empezaba a dar resultados, pero a Tiger le costaba aún aceptar un cambio que Butch le había sugerido a comienzos de la semana. En la final, Tiger llegó al último hoyo con una ventaja de un hoyo sobre su contrario y se encontró con el momento de la verdad: un golpe de 126 metros a un *green* en alto. Su confianza en Butch y en su propia habilidad le permitieron ejecutar el golpe a la perfección en el fragor de la batalla. La bola salió disparada de la cara de su hierro 8, aterrizó a unos cinco metros pasado el hoyo y retrocedió hasta detenerse a pocos centímetros de la bandera. Tiger logró la victoria gracias a un golpe que había aprendido de Butch sólo unos pocos días antes, y que nunca había probado en una competición.

*Los verdaderos campeones son capaces de lo mejor bajó presión y en los momentos decisivos.*

Tiger y Butch tuvieron una celebración muy especial entre profesor y alumno. Pero no estaban solos. Aquella victoria seguro que dibujó sonrisas de orgullo entre los anteriores profesores que había tenido Tiger, y que habían participado en el desarrollo de un campeón y en su gran momento.

# CUANDO LLAMA LA OCASIÓN

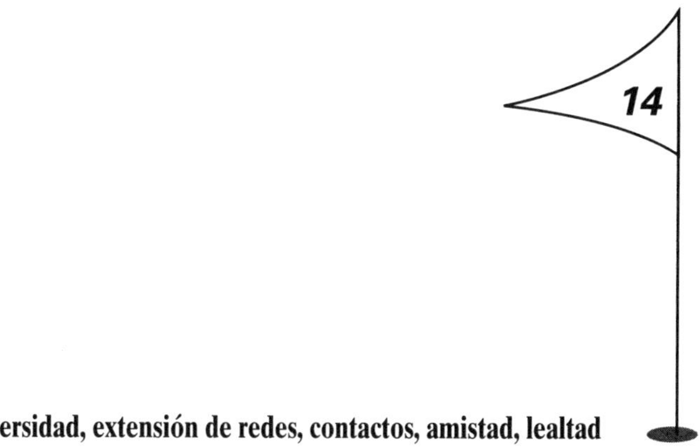

○ **Diversidad, extensión de redes, contactos, amistad, lealtad**

El golf es un microcosmos de la vida. Proporciona una oportunidad de desarrollo personal y, si se quiere, socioeconómico. ¿Qué otro deporte se puede jugar junto a un fontanero, un médico y el director ejecutivo de una gran empresa? En ninguna otra competición deportiva se podría reunir un grupo de estas características y esperar una interacción entre ellos. Imaginad: el fontanero os arregló el calentador de agua la semana pasada; el médico ayudó a traer al mundo a vuestro hijo el mes pasado; y el directivo es vuestro jefe en el trabajo. ¡Qué os parece! Estas oportunidades no sólo existen para Tiger, sino también para vuestros niños.

En su época de juego en el colegio, Tiger conoció a un joven que estudia ahora el acceso a la carrera de Medicina en la Universidad de San Diego. Es muy probable que en el

*En un campo de golf hay muchos golfistas con profesiones muy diferentes.*

futuro sea el médico de Tiger. Otro estudia Derecho en la universidad, y no necesito decir que seguramente este joven se encargará de las necesidades legales de Tiger en el futuro.

Vuestro niño puede disfrutar también de ventajas similares a través de golf. El golf es un deporte para todo el mundo. No conoce fronteras económicas ni sociales. Y se puede desarrollar una competición entre jugadores de distintos niveles de juego gracias al sistema de handicaps instaurado por la Asociación de Golf de los Estados Unidos para dar una misma oportunidad a todos. Así nacen, se desarrollan y se cimentan amistades. Habéis embarcado a vuestro hijo en un viaje maravilloso, en el que no hay principio ni final; sólo disfrute.

Mantener los contactos es tan importante como establecerlos. Animad a vuestro hijo a intercambiar números de teléfono y direcciones. El potencial de extender vuestra red de contactos mientras acompañáis a vuestro hijo en los torneos es infinito. Mantened una relación de los contactos que hagáis. Pueden ser muy valiosos en el futuro. Algunas de las personas que nos han proporcionado alojamiento a Tiger y a mí en las competiciones *junior* se han convertido en nuestros mejores amigos. Incluso ahora, cuando viajo a esas ciudades por motivos de trabajo o para asistir a competiciones, me extienden la alfombra de bienvenida. Muchos han mantenido el interés por la trayectoria de Tiger y llaman de vez en cuando para ver cómo le va. Son nuestra familia más allá de nuestra familia.

Si vuestro niño demuestra tener el tipo de dedicación que se requiere para tener éxito como jugador de golf, la experiencia que gane mediante los contactos que haya hecho durante su etapa *junior* puede ser providencial para asegurarle una beca en la universidad. ¿A qué padre no le encantaría la oportunidad de recibir alguna ayuda económica frente a los gastos de educación, que cada día son más elevados? El golf puede proporcionar o incrementar las oportunidades de vuestro hijo para acudir a la universidad.

Una de las fuentes de información más importantes sobre el golf universitario es la Guía de Golf de las Universidades Americanas. Este libro, que cada año edita la Karsten Manufacturing Corporation, no sólo relaciona las posibilidades para los *juniors,* sino también las universidades con equipos de golf en cada Estado, por orden alfabético. También facilita los nombres, direcciones y números de teléfono de los entrenadores, y si tienen o no programas para *juniors.* Contiene ejemplos de cartas y de currículos, y una tabla comparativa para ayudar a los padres a elegir la universidad. Este libro nos ayudó mucho cuando empezamos a evaluar las ofertas de becas que Tiger recibió durante su último año en el colegio. Pero igual de importantes fueron los contactos que hicimos en lugares muy alejados de nuestra propia casa. Si queréis más información sobre el libros escribid a: Dean Frischknecht Publishing, P.O. Box 1179, Hillsboro, Oregon 97123, EE.UU. El número de teléfono es el (07 1) 503 648 1333.

Como mencioné antes, el primer gran torneo en el que compitió Tiger fue el Big I, que se jugó en Texarkana, Arkansas. Este torneo se juega bajo un formato muy peculiar: después del corte del segundo día entran en juego profesionales del circuito americano que completan los partidos con tres de los chicos, para darles la oportunidad de jugar junto a un profesional. Tiger lo jugó con trece años, y el profesional que le tocó en su grupo fue John Daly, a quien nadie conocía entonces. Recuerdo sucintamente que Tiger estaba muy impresionado con la distancia de los golpes de Daly; yo lo dejé pasar por alto como fruto de su imaginación, pero me equivoqué. Tiger me comentó un golpe de Daly con el hierro 2 que salía recto y luego hacía un giro muy brusco hacia la izquierda. Lo llamaba su golpe *de chichón* porque comprimía tanto la bola que le salía un chichón, y eso era lo que la hacía girar tan bruscamente. Daly en seguida tenía que cambiar la bola por haberla dañado, pero, ¡qué golpe! Aquel día los *amateur* salían de los mismos *tees* que los profesionales, y Tiger le sacaba dos golpes de ventaja a Daly.

Recuerdo con claridad que Daly iba diciendo a todo el mundo: "No puedo consentir que me gane un niño de trece años"; y no lo consintió. Hizo tres *birdies* en los cuatro últimos hoyos y ganó a Tiger por un golpe. Tiger y John son muy buenos amigos; les he visto muchas veces reírse y hacer chistes sobre aquel día húmedo y tórrido en Texarkana.

# CUIDARLES Y PREOCUPARSE

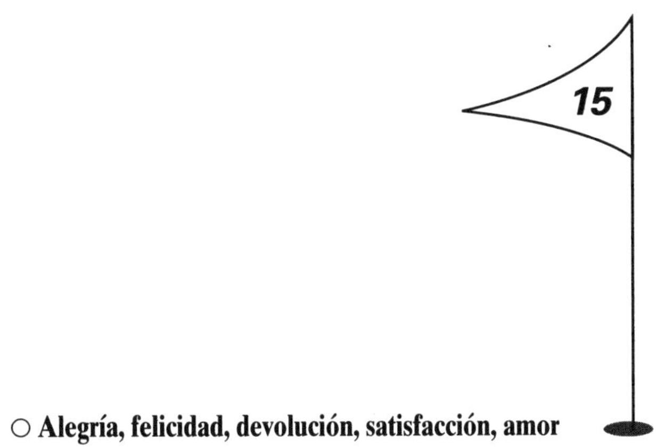


○ **Alegría, felicidad, devolución, satisfacción, amor**

No se puede exagerar la importancia de vivir la vida al máximo. Uno aprende, vive experiencias, las comparte. Las lecciones que se pueden absorber durante un recorrido de golf son con frecuencia demasiado valiosas para amontonarlas. La vida no es sólo algo sobre uno mismo. La vida es también sobre los demás. Y uno debería compartir estos sentimientos de la vida con los demás. Preocúpate por los otros compañeros-seres humanos. Comparte tus experiencias y contribuye al desarrollo personal de los otros.

La vida es una acumulación de "ahoras". No existe el mañana; no existe el ayer; sólo existen "ahoras". Nos incumbe a todos el vivir la vida un solo día a la vez. Saca el máximo partido a la alegría que has heredado, a la que tienes derecho desde el día en que naciste. Aplica estas lecciones y el conocimiento que has extraído del maravilloso juego del golf. ¡Hay tanto que aprender de este juego!, no sólo sobre ti mismo, sino sobre los demás.

Al criar a Tiger, el tema de fondo que planteábamos siempre es que el golf es un juego: disfrútalo. Nunca impuse en su desarrollo lo que me gustaba a mí, ni lo que no me gustaba, ni mis deseos o actitudes. Consecuentemente, cuando él juega a este juego maravilloso, la base fundamental de su participación es el disfrute que pueda experimentar. En las competiciones, Tiger nunca olvida lo que le enseñé: se trata de un juego; juégalo lo mejor que puedas, y disfruta.

No busco imponer a otros mis creencias personales ni mi filosofía. Sólo las ofrezco para que las examinéis, las evaluéis y las podáis utilizar. Pero cuando se trata de educar a niños, creo que es positivo compartir mis puntos de vista y mis experiencias.

*¡SORPRESA! La madre de Tiger, Tida, introduce a Tiger en una fiesta sorpresa en su casa para celebrar su primera victoria en el Campeonato Nacional Amateur.*

El golf está creciendo a pasos agigantados en todo el mundo. Ya no es un coto cerrado para los ricos y privilegiados. Ahora los menos acaudalados están ocupando las calles y los *green* en cantidades cada vez mayores.

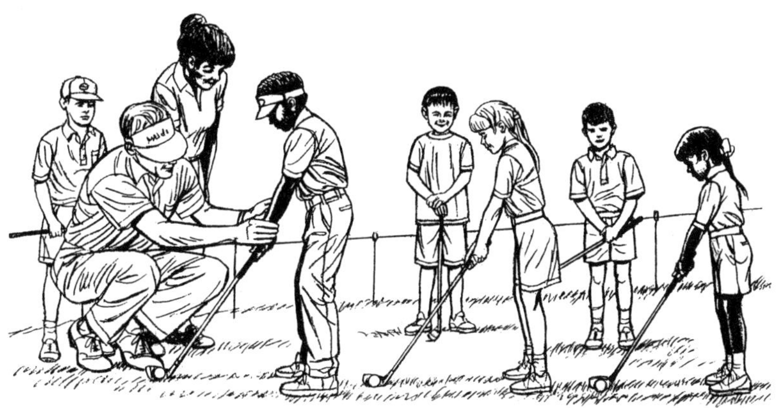

*El golf es un deporte para todos. Disfrutadlo.*

Tiger, consciente de la popularidad creciente del golf, de la buena suerte incomparable que el golf le ha proporcionado, y de la necesidad de hacerlo llegar a otros, ha previsto establecer una fundación caritativa a través de la cual pueda canalizar algunos de los frutos de su trabajo hacia aquellos que lo necesiten. Esta fundación se preocupará, en principio, del problema de la autoestima de los jóvenes mediante el uso de técnicas de psicología deportiva. La autoestima es un requisito previo esencial para el éxito. Si Tiger puede ayudar a inculcar en otros incontables candidatos a atletas el sentido del orgullo y del propósito que él ha extraído de su familia y de sus experiencia en el golf, entonces habrá hecho posible un cambio en el mundo más allá de las competiciones y de la fama. Porque lo más dulce de la victoria no reside en saborear tus propios logros, sino en pasar el relevo y dar una oportunidad a algún otro. Tiger espera poder hacer por infinidad de jóvenes, ansiosos de alimentar su sueño, lo mismo que su madre y yo hicimos por él. ¿A dónde le llevará esto? No lo sabemos, pero ésa será otra historia.

# ÍNDICE